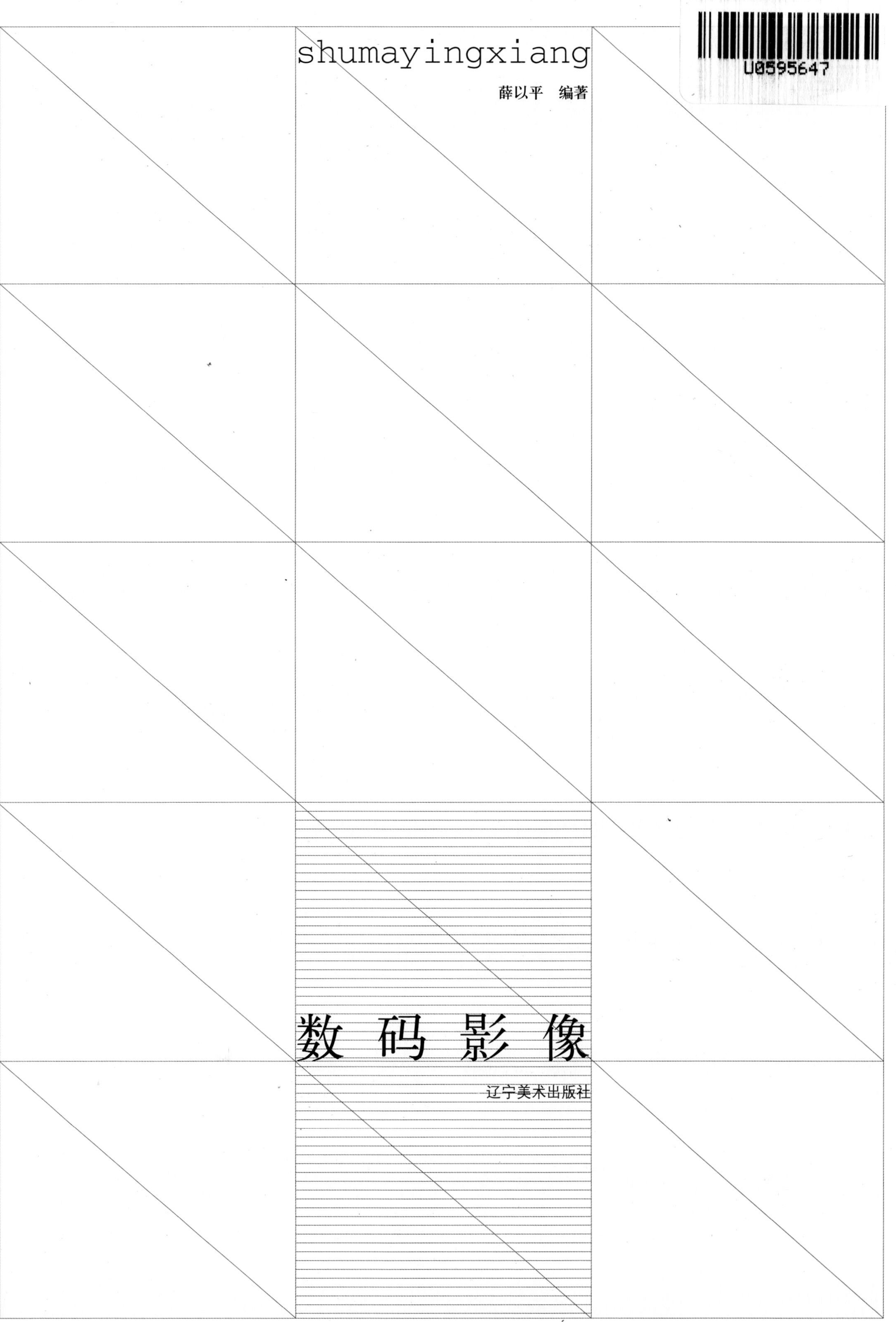

shumayingxiang

薛以平　编著

数码影像

辽宁美术出版社

图书在版编目（CIP）数据

数码影像／薛以平编著.—沈阳：辽宁美术出版社，2008.1

ISBN 978-7-5314-3997-4

Ⅰ.数… Ⅱ.薛… Ⅲ.图像处理-数字技术 Ⅳ.TN911.73

中国版本图书馆CIP数据核字（2008）第010283号

出 版 者：辽宁美术出版社
地　　址：沈阳市和平区民族北街29号　邮编：110001
发 行 者：辽宁美术出版社
印 刷 者：沈阳恒美印刷有限公司
开　　本：889mm × 1194mm　1/16
印　　张：6
字　　数：55千字
出版时间：2008年1月第1版
印刷时间：2009年1月第2次印刷
责任编辑：彭伟哲　严　赫
封面设计：彭伟哲
版式设计：严　赫
技术编辑：鲁　浪　徐　杰　霍　磊
责任校对：张亚迪
ISBN 978-7-5314-3997-4

定　　价：44.00元

邮购部电话：024-83833008
E-mail：lnmscbs@163.com
http：//www.lnpgc.com.cn
图书如有印装质量问题 请与出版部联系调换
联系电话：024-23835227

总 序

当我们把美术院校所进行的美术教育当做当代文化景观的一部分时，就不难发现，美术教育如果也能呈现或继续保持良性发展的话，则非要“约束”和“开放”并行不可。所谓约束，指的是从经典出发再造经典，而不是一味地兼收并蓄；开放，则意味着学习研究所必须具备的眼界和姿态。这看似矛盾的两面，其实一起推动着我们的美术教育向着良性和深入演化发展。这里，我们所说的美术教育其实有两个方面的含义：其一，技能的承袭和创造，这可以说是我国现有的教育体制和教学内容的主要部分；其二，则是建立在美学意义上对所谓艺术人生的把握和度量，在学习艺术的规律性技能的同时获得思维的解放，在思维解放的同时求得空前的创造力。由于众所周知的原因，我们的教育往往以前者为主，这并没有错，只是我们更需要做的一方面是将技能性课程进行系统化、当代化的转换；另一方面需要将艺术思维、设计理念等等这些由“虚”而“实”体现艺术教育的精髓的东西，融入到我们的日常教学和艺术体验之中。

在本套丛书实施以前，出于对美术教育和学生负责的考虑，我们做了一些调查，从中发现，那些内容简单、资料匮乏的图书与少量新颖但专业却难成系统的图书共同占据了学生的阅读视野。而且有意思的是，同一个教师在同一个专业所上的同一门课中，所选用的教材也是五花八门、良莠不齐，由于教师的教学意图难以通过书面教材得以彻底贯彻，因而直接影响到教学质量。

学生的审美和艺术观还没有成熟，再加上缺少统一的专业教材引导，上述情况就很难避免。正是在这个背景下，我们在坚持遵循中国传统基础教育与内涵和训练好扎实绘画（当然也包括设计）基本功的同时，向国外先进国家学习借鉴科学的并且灵活的教学方法、教学理念以及对专业学科深入而精微的研究态度，辽宁美术出版社会同全国各院校组织专家学者和富有教学经验的精英教师联合编撰出版了《中国高等院校21世纪高等教育美术专业教材》。教材是无度当中的“度”，也是各位专家长年艺术实践和教学经验所凝聚而成的“闪光点”，从这个“点”出发，相信受益者可以到达他们想要抵达的地方。规范性、专业性、前瞻性的教材能起到指路的作用，能使使用者不浪费精力，直取所需要的艺术核心。从这个意义上说，这套教材在国内还是具有填补空白的意义。

中国高等艺术院校系列丛书编委会

前 言

PREFACE

《数码影像的处理与制作》主要针对的是摄影作品后期影像的数字化处理，而数字化处理的出现是与现代数码摄影的飞速发展和普遍使用的大环境密切相关，因此，现代摄影的后期制作大多数都已经是通过计算机的一系列处理来实现摄影艺术创作最终目标的。现在，许多国际影展的参展和获奖作品，多数已经是采用数码影像的处理与制作技术创作而成。从这两张（图001–1 第23届马来西亚PSM国际影展彩色组PSM金牌奖作品，香港，连登良摄；图001–2 第15届比利时Reflet Mondial 国际影展优秀奖作品，奥地利，Meindl Gunter 摄）国际影展的获奖作品来看，显然是采用了影像的后期数字化处理技术。

影像的后期数字化处理技术是一个将艺术技巧和现代技术手段相结合来完成的摄影后期创作、处理与制作的过程，现在也被称之为“电子暗房”。“电子暗房”可以把摄影中出现的一些问题和遗憾通过计算机的后期处理进行弥补，它甚至还可以通过电脑技术制作出完全改变摄影原始影像的画面，就是利用原有的图像资料重新构思，另行组合，创造一个全新的、可以令人瞠目的、具有相当艺术表现力的、完美的艺术影像。

图 001–1

图 001–2

“电子暗房”的出现，也是伴随着全球数字化科技发展浪潮的日益高涨、电脑的使用越来越普及、相关图像处理软件的不断开发与越来越完善的条件下应运而生。“电子暗房”与传统暗房的不同，从工作条件上看，“电子暗房”的影像后期处理不再需要关在一个黑暗的房间里，不再有化学冲洗的制作过程，也闻不到各类化学药品的气味。现代“电子暗房”是在一个光线充沛、空气清新的工作室里处理摄影作品的。从技术角度来看，影像数字化的后期处理，将照片的调整、修补、处理以及其他特效制作都在计算机上完成，不仅可以满足以往传统暗房能够达到的效果，还有许多传统暗房根本不能及的优势，比如：图像调整的整个操作过程都可以直观、清晰地对图片的调整效果进行实时监控；影像的处理可以一次完成，也可以分为数次来完成；可以对影像的整体进行调整，也可以只对其中不理想的局部进行细微的调整；对于同一张照片可以借助软件的功能轻松、便捷地制作出若干不同艺术效果的画面；不论是处理还是制作，要是对效果感到不满意，随时可以把它“撤消”，即可重新来处理和制作等等。不仅如此，照片输入计算机后，便可以利用相关软件对所有的摄影作品及其资料进行分类和归档管理，再多的照片都不会造成混乱，再使用时寻找也十分便捷。诸如此类，影像的后期数字化处理的优势举不胜举，它发展和丰富了影像后期处理的手段，使得摄影创作道路越走越宽。

影像的后期数字化处理对摄影而言，其意义与影响是相当深远的。这种意义与影响并不只是体现在制作方式由暗转明，制作过程由繁变简，对影像的调整和修补，这种技术的改变更为重要的是直接导致了制作方式的改变从而影响到创作思维与表现的变革，为摄影艺术的创作与发展带来新的空间与机遇。现在的国际影展都非常提倡创新，就是除了画意摄影作品以外，他们欢迎并接受各种体裁与风格的作品，在欧洲国家举办的一些影展为了鼓励那些创作内容与风格前卫的作品，还特别设置了"实验题材"组，而近些年国际影展获奖作品中，很大部分都是标新立异之作，这种现象在欧洲国家举办的影展上尤为明显，(图002 意大利，Franco

图 002

图 003

Donaggio摄）就是其中的一个例证。这些被提倡的创新和标新立异的作品的出现，正是由于数字化影像的出现而引起的变革，现代强大的计算机的配置与图像处理软件为表达艺术家的精神理想插上了坚强的翅膀，为有才华的摄影人提供了最大的发挥艺术创造的自由空间，从而可以通过计算机技术轻松地实现摄影影像创作的艺术效果。

通过现代数码技术还可以将一些不甚理想或者不能成为独立作品的图片，通过新的构思和创意处理，重新形成为一幅全新的、更加接近艺术创作的理想的艺术作品。如对图003这种图片进行的创作处理，对提高学生的艺术素养，理解艺术创作原理，开发创造性思维与表现理念，加强作品的艺术创造力、艺术感染力都具有非常现实的意义。所以现代数码影像的后期处理与制作越来越受到大家的重视，它已经成为摄影创作的重要组成部分和摄影课的重要学习内容。现在，影像的后期数字化处理的运用范围已经跳出摄影的圈子，在更大的艺术范围里被广泛的使用。

本书是按照摄影艺术后期处理与制作的实际工作方式来组织编写，根据影像后期处理与制作的工作顺序来介绍相关的知识。包括数码设备与软件的要求与基本概念，数码影像的调整与处理技巧，以及数码影像"再创造"的制作方法。使学生能够全面了解和掌握数码摄影后期处理与制作的基本技术，从而使得摄影创作质量与艺术表现效果均能达到较高的水平。

南京工业大学艺术设计学院
薛以平
2005 年 10 月

目录

中国高等院校

THE CHINESE UNIVERSITY

21世纪高等教育美术专业教材

The Art Material for Higher Education of Twenty-first Century

数码影像处理与制作的基本设备
图像处理的基本概念
获取影像处理素材

CHAPTER 1

数码影像处理基础

第一章 数码影像处理基础

摄影艺术创作是一个前期拍摄与后期加工结合的整体。数码影像的后期处理，是针对不论是来自数码相机的影像还是通过扫描获得的数字化影像进行处理和制作的加工过程，是影像成为艺术作品的一个重要的环节。它既是摄影技术的需要，也是摄影表现的需要，更是摄影创意制作的需要。影像后期处理工作目的就是：提高摄影作品的影像质量，提高摄影作品的表现能力，提高摄影作品的艺术水平。

古人云："工欲善其事，必先利其器。"现代数码影像的处理与制作完全依靠计算机和图像处理软件，它们是数码影像的处理与制作的基本工具。所以，首先要搞清楚这些工具的基本配置与要求，这会对数码影像的处理与制作产生重要的影响。

第一节 数码影像处理与制作的基本设备

一、电脑基本配置及附件

影像的数字化处理，是数码摄影表现的重要魅力之一，也是影像深入加工表现变化的重要魅力所在，而电脑就是数码摄影处理系统重要的、核心的部分。电脑硬件与软件的配置直接关系到处理影像的效率与结果（图1–1）。目前，数码摄影处理的计算机有两种，一种是苹果计算机公司Macintosh系列"Mac"机，这种计算机只有苹果公司可以制造；另一种是基于因特尔公司的IBM系列PC机，现在有许多公司生产PC机。

为了使数码影像处理达到较高的质量与效果，因此，对数码影像处理电脑的硬件要求要具有速度快、容量大、色彩显示真的能力。这也就是说，最好在你能够承担的开销范围内拥有一台最高效率的计算机，而这项投资给予你的回报就是影像处理的高效率，为你节省下许多的等待时间。下面就数码影像处理对电脑的主要硬件：CPU、内存、硬盘器、显示器、显卡、键盘、绘图板、光盘驱动器等主要的设备与附件具体要求作一一介绍。

图1–1

1.电脑配置

（1）CPU

CPU又称"中央处理器"，它是电脑的核心部件，CPU的运行速度直接影响整台电脑的性能。所以，计算机的等级档次也可以用速度和CPU（中央处理器）的设计指标来衡量。大体上讲，MHz（兆赫）越大，计算机对指令的反应也就越快，对一个复杂计算的处理时间也越少。通常处理常见的35mm胶片相对应的图像文件（即处理几十兆字节的图像），要想电脑对操作指令及时响应，电脑的运算速度则要求达到每秒钟几千万次以上。因此，对高分辨率数码影像在电脑上处理时，没有高速处理数据的CPU是无法想象的。由于数码相机的分辨率在不断提高，因此，用于数码影像处理的电脑CPU宜选择奔腾Ⅱ（586）以上、运行频率在300 MHs以上较适宜。

(2) 内存

电脑的内存通常指内存条。它是供电脑在高速处理图像时，随机读存数据的。就存储器来说，内存(RAM)是最快速的一种，它比计算机硬盘要快得多。RAM的容量越大越好，如果内存容量小，就不能存储电脑在运算时瞬间出现的大量数据，只能频繁地将数据存放到硬盘上，这就不能发挥CPU高速运行的优势，也就会大大降低电脑处理影像的速度。像Photoshop那样的程序需要的储存量至少是你已经打开操作的图像文件字节数的5倍。举个例子，如果你正在对一个20MB的文件进行操作，那你至少应该有100MB以上的空余内存空间，才能快速有效地操作Photoshop这一功能庞大的软件。所以，内存条的容量宜选择256MB以上的配置。并注意电脑板上是否留有可扩充内存的备用插口，以便日后有需时可进一步扩充内存容量，因为图像处理软件的升级对电脑内存的要求会越来越高。

(3) 硬盘

硬盘全称是硬盘驱动器(简称硬盘)，当文件没被暂时存在RAM中或计算机被关闭的时候，你的文件被存储在硬盘里。硬盘既要储存大量数码影像以及各种文件的数据，又要供操作系统和各种软件安装使用。此外，在处理数码影像时，由于内存有限，为提高影像处理速度，可借用硬盘部分容量作为虚拟内存。一般windows操作系统会动态调整硬盘上空闲容量作为虚拟内存。因此，硬盘容量越大，电脑能得到的虚拟内存也越大，处理影像的速度也就越快。用于数码摄影的电脑硬盘容量宜选择40GB以上，现在大多数的电脑允许你在系统中安装多个硬驱。对于硬盘的选择，除了它的容量外，还有它对数据传输的性能，即转速也应注意，7200转以上的高速硬盘对数码影像的处理较为理想，转速快，处理影像的时间就短。

(4) 显示器

显示计算机中数据与图像。台式计算机使用两类显示器，传统的CRT（阴极射线管）显示器和更薄更轻的LCD（液晶）显示器。LCD显示器可以提供更锐利、更柔和的图像。但是CRT显示器的一些优点更适合图像处理，它可以支持更广范围的分辨率，有更宽的可视角度，更丰富的色彩层次（色阶），而且与同等的LCD相比价格要便宜。对电脑显示器的选择一定要买一个你经济能力承受范围之内最大的显示器，因为你要长时间地注视着屏幕进行工作，所以，务必要选择一个能使你的眼睛感觉舒适的屏幕。显示器的尺寸以15英寸以上的直角平面为好，不仅观看效果好，而且给影像的精确处理带来方便。显示屏的分辨率也是至关重要的，显示1024×1280以上分辨率的显示器，那对数码影像处理无疑是理想的。如果采用低分辨率显示屏尽管它们也可显示1024×1280这种高分辨率，显示的图像、文字尺寸都会缩小一倍以上，也就不实用了。电脑显示屏显示每一像素的直径，有的是0.28mm，有的是0.25mm，当然以直径小的为好。显示屏对每幅画面的刷新时间应在72Hz以上，刷新率的Hz数值越大，显示的闪烁现象就越少，效果也就越好。显示器支持的颜色数的位数越高越好，对数码摄影的影像处理来说，24位真彩色是必需的，能有32位颜色深度则更好。

(5) 显卡

产生用于在显示器上显示图像的真实信号，配有素质良好的显示卡是取得一流显示效果的重要保证。作为处理数码摄影画面的显示卡，它的容量越大，显示的颜色越逼真，刷新的速度也越快，理想的显示内存的容量需在64MB以上，而且需要它对影像显示具有加速功能，称为图形加速卡。接口通常有：PCT、AGP、AGP PRO、PCIE等。

(6) 键盘

键盘是多种多样的，有些是静音型的，在操作时没有噪音，并且有一些功能键可以使你运行绘图草稿；而另有一些计算机键盘，不但噪音非常大，形状大小和你的手比例失调，所以在你买计算机之前，一定要试一试键盘，只有这样你才可能确定它质量的优劣。将来你会在键盘上工作很长的时间，所以你必须购买一个适合你的键盘。

(7) 绘图板

绘图板亦称为“手写板”(图1—2)，绘图板可以单独使用，也可以与鼠标连用。你可以使用专用的压感笔书写、绘制平滑的曲线并且绘制复杂的线条。使用压感笔的效果，同刷子工具和钢笔的效果是一样的，因为它们的控制程序是相同的。Adobe Photoshop支持的压感笔绘图，对于进行高质量的修改是必不可少的。市面上有很多压感笔，但被图像艺术家们所推崇的是Wacom的型号。还请注意，虽然绘图板的功能很强大，但就广泛用途来讲并不能代替鼠标。

图1—2

(8) 光盘驱动器

光盘驱动器即CD–ROM，也是必需配置的硬件。绝大部分图像处理软件和数码相机的驱动软件都是光盘，需要采用光盘驱动器来安装，因此，性能良好的光盘驱动器十分重要，最好具有自动调速功能。DVD–ROM驱动器还能读取CD、CD–ROM、CD–R和CD–RW中的内容。

2.存储设备

在存储设备的舞台上，多功能数据存储器种类很多，而且日新月异，竞争激烈。这些设备为我们的数码影像的处理与制作提供了许多便利，也是经常要用到的设备。常用的有：

(1) 外置硬盘

一些摄影师愿意购买额外的硬盘（图1–3），而不是让图像文件填满计算机内置硬盘。许多台式计算机允许增加第二块内置硬盘，但是另一个选择是外置硬盘，外置硬盘通常插在计算机USB接口或火线（IEEE1394）接口上。与内置硬盘不同，外置硬盘可以移动，因此旅行时可以携带它，或者在计算机存储器快满时使用外置硬盘存储图像文件。

(2) U盘

U盘是以NAND闪存为存储介质（图1–4），通过USB接口与计算机进行数据交换。U盘容量从32M – 2G，适用于现在所有的操作系统（windows 98/ME/2000/XP、MAC OS等），完全符合USB 2.0标准，无需任何外接电源，用USB总线供电，支持热插拔，使用可擦写在100万次以上，数据也可保存10年以上。所以它具有存储容量大、体积小、重量轻、保存数据时间长、安全性能高、携带方便等显著特点，同时还具有抗震、防磁、防潮、耐高低温等优点。它是随着计算机的普及和提高，人们对数据、资料的交换提出了更高的要求而诞生的一种新型存储设备，是移动文件、交换储存数据的理想存储产品。

(3) CD刻录机

近几年制造的大多数计算机都提供CD驱动器（图1–5），可以读取CD上的数据，如果设备带有刻录功能，也可以将数据写入CD。CD碟片类型包括传统的可刻录CD（CD–R）和最新的可擦写CD（CD–RW）。这些碟片容量约为700MB，大多数CD–R碟片可以保存至少30年。

基于类似的CD光学技术，只读DVD驱动器比较普遍，尤其是在台式机中。如果打算用DVD存储图像，那你需要DVD刻录机。DVD碟片容量非常高—4.7GB或双层刻录9.4GB，未来的碟片容量可能更高。与CD碟片相似，也有两种类型DVD碟片：只能写一次的碟片和可擦写碟片。因为许多DVD刻录机也能读取CD碟片，DVD刻录机当然是万能的。

DVD的格式有多种，可能带来兼容性问题，使用某种格式刻录的碟片不能被只支持其他格式的刻录机识别。幸运的是，一些厂家已经在考虑解决兼容性问题，他们最新的刻录机兼容多种格式。DVD碟片比CD–R贵，4倍速的DVD刻录机刻录DVD碟片的速度也很快，DVD驱动器的1倍速相当于9倍速CD刻录机。

图1–3

图1–4

图1–5

二、数码影像处理常用软件

数码影像的处理，是一个复杂而有趣的过程，摄影作品要能够体现艺术上的追求和创新意识，需要借助于一个强大的处理工具加以实现，这一处理工具就是影像处理方面需要用到的软件。现在可以进行数码影像的处理与制作的软件非常多，常见的有Photoshop、CorelDraw、PageMaker、Freehangd、Illustrator、Photo Express、PhotoImpact、PhotoFamily、Kai′s power Goo、Fractal design Painter等等，这些专业软件将图片制作、照片修整、演示、图形管理及桌面排版、模拟传统手工绘画等集于一体，为表达摄影创作思想和情感体验，进而形成一幅幅完整的、优美的数码图像作品奠定了基础。现就部分常用处理与浏览软件做一些简单的介绍。

1.图像处理软件

（1）Photoshop

Photoshop是数字图像处理的首选软件。它是由Adobe公司推出的专业图像处理软件，它一问世，就受到艺术和设计等各方面人员欢迎。Photoshop拥有强大的图像色彩校正功能，多样的图像调整、拼接合成手段，还有丰富的特殊效果滤镜和方便的操作界面，被公认为当今最好的专业级图像处理软件，也是数码影像处理与制作首选的图像处理软件。现在，有很多的第三方厂家为Photoshop生产了外挂滤镜，附加KPT等，它提供了大量的滤镜效果，丰富了图像软件的表现能力。

（2）CorelDraw

CorelDraw在为数众多的图形绘制与图像处理软件中可以说是独树一帜。CorelDraw能够把矢量绘图与位图图像处理完美地结合起来，从而为照片后期处理提供了方便。此外，CorelDraw软件包中还专门提供了功能强大的专业位图处理软件Corel PhotoPaint，从而弥补了原来软件的不足之处。

（3）Photo Express

Photo Express（我形我速）是友立公司开发的一套简易版照片处理软件。它的操作属“傻瓜”型，对专业的图像知识和颜色处理技术没有太高的要求，简单易学。我形我速能够很好地完成数字照片的后期处理工作，例如消除红眼、调整照片的亮度、对比度等，并且可以进一步进行数字照片的合成与特效处理。该软件决不只是简单的图像编辑程序，它可以让用户以最精彩的方式，展示精彩的创意，能够完成诸如建立个人电子相册，制作各种贺卡、生日卡、个性化的名片等，以及制作电脑背景图案和屏幕保护程序等工作，是电脑图像处理初学者的最佳选择。

（4）PhotoImpact

PhotoImpact也是由友立公司出品的，它为专业影像设计者提供了极具创意的空间、方便的制作工具、宽广的表达形式。它整合了新时代的3D对象及文字特效与粒子效果，支持压力笔，能够表现不同的自然笔触，各式直觉操作的物效图库，以及网页影像与办公室档案的兼容性，并且将构思到表达的过程完整整合在一起。

（5）PhotoFamily

PhotoFamily是APC CR2公司的产品，是一个相当优秀的电子相册软件，具有“相册柜”与“相册”的分层管理模式，独具特色的相册翻页特效/相册背景音乐。它也具有简易的影像处理、贴纸、日历、卡片、信纸快速制作等众多实用的功能设计。

2.图像浏览软件

当我们将摄影艺术作品一件件创作出来、生活中许多美好的瞬间一个个记录下来时，我们会将它们保存在自己的计算机中。对于不同时间、不同地点拍摄的成百甚至上千的照片，如何管理这些照片，在进行照片处理工作时，查阅这些摄影资料时，怎样才能迅速地找到需要的照片，就需要使用ACDSee或者Paint Shop Pro等图像浏览软件，它们能够以缩略图的方式显示某一选定的文件夹下的所有图片，并且允许用户进行单幅图像的浏览，或者进行一些简单的编辑和图像处理工作。

（1）ACDSee

ACDSee是世界排名第一的数字图像浏览软件，它能广泛应用于图片的获取、管理、浏览、优化处理等常用的操作。用ACDSee来管理和简单处理数码照片非常方便，它主要具有以下功能和特点：

a.使用ACDSee可以从数码相机和扫描仪高效获取图片，并能够进行便捷的查找、组织和预览。

b.支持超过50种常用多媒体格式，ACDSee能快速、高质量显示您的图像文件。

c.ACDSee提供了简单易用的图片编辑工具，轻松处理数码影像，拥有去除红眼、剪切图像、锐化、浮雕特效、曝光调整、旋转、镜像等强大的功能，完全可以满足普通用户对图像处理的需求。

d.提供了“Media window”，允许直接播放各类通用的音频和视频文件，并且可以实现全屏播放和支持Flash动画。

e.快速浏览光盘内容，只要在光驱中插入光盘，ACDSee会立刻弹出一个提示界面。

f.ACDSee支持的截图模式包括全屏、窗口、区域、菜单，用户还可以设置所截的图中是否包含鼠标，为不同的截图模式设置快捷键，这足以满足普通用户的需求。

(2) Paint Shop Pro

Paint Shop Pro是一个功能强大但又短小精悍的图像处理利器，在Paint Shop Pro中，可以对某一选定的图片进行一些简单的编辑工作，例如复制、删除、重命名、移动、打印等。其实，该软件也具有很好的图像浏览功能。

第二节 图像处理的基本概念

摄影作品后期数字化的制作，是通过高科技手段和设备与艺术融合，呈现出更为完美的视觉图像的。但在图像处理中，位图、像素、分辨率等，以及数码后期制作文件的储存格式等，这些概念是我们经常会接触到的，在处理和制作数码摄影的作品前，先搞清楚这些概念是非常有必要的，这些都是在数码影像处理与制作中必然会涉及到的，花费时间和精力来学习这些图像基础知识、分清这些概念有利于影像处理下一步的工作。如果对所使用的图像系统的基本概念有了足够的了解，你就可以理解所进行的每一项操作，从而朝着正确的效果迈进，才能够发挥电脑最大的潜能，充分而完善地表达出摄影艺术的语言。

一、位图与矢量图

在计算机绘图领域中，根据成图原理和绘制方法的不同，一般来讲，以数字方式保存的图像文件可以分为两大类：位图图形（Bitmap Images）和矢量图形（Vector Graphics）（图1—6）。就是一张图分别以两种保存方式呈现的结果，通过这张图再来讲解位图与矢量图就方便了。

1.位图图像

位图又称"点阵图"或"栅格图"，是被分配了特定位置和颜色值的小方形网格，即无数个细微的像素点通过排列组合构成的。位图可以最真实地描述图像，可以显示得非常真实、饱满，特别是表现阴影和色彩的细微变化。计算机存储位图图形文件时，只能准确地记录下每一个像素的位置和颜色，所以在处理位图图像时编辑的是像素，而不是对象的形状。位图图形与分辨率的关系密不可分，因为位图图像包含固定数量的像素，每个像素都分配有特定的位置和颜色值，所以，图形的大小取决于这些像素点数目的多少，计算机记录的像素越多，图形显得越细腻。对于位图图像进行放大其实就是增加了屏幕上组成位图的像素点的数目，而缩小位图则是减少像素点。放大位图时，因为制作图形时屏幕的分辨率已经设置好，所以放大图形只是像素随之放大，图像采用的分辨率过低，位图图像可能会呈锯齿状，而且遗漏图像细节，从而降低了图像的质量。但是，分辨率越高，存储图形的文件也就越大。

位 图

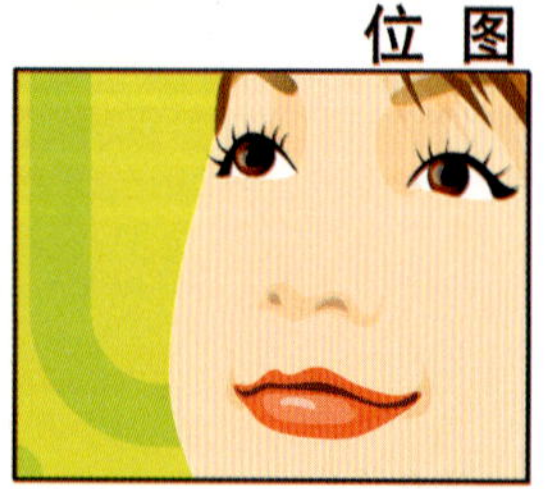

矢量图

图1—6

2.矢量图像

矢量图又叫"向量图"。矢量图通过数学矢量公式经过精确定义的直线和曲线来定义图形的，它会根据图形的几何特性定义区域和形状，然后用颜色的某种百分比填充或描边。矢量图形与分辨率无关，这就意味着在移动线条、调整线条大小或者更改线条的颜色时，对象能够维持原有的清晰度以及弯曲度，颜色和外形都不会遗漏图像的细节，也不会因发生变换而降低图形的品质。因此，矢量图形最适合表现醒目的图形，对描绘真实场景中丰富的色调和变化却无法表现出图像很多细节。

二、像素与分辨率

1.像素

像素这个词是"picture element"的缩写形式，是一个带有图像中亮度和颜色的数据信息的正方形方块的不可分割的单位或者元素。所谓不可分割，意思就是不能再细分为更小的单位或者元素，数码图像是由许多的像素组成的。其实，像素并不是新名词，它早已经存在了，几乎所有的印刷品使用的技术都是用叠压在一起的几种纯色的点，来重现图像色调丰富而柔和的效果，数码摄影技术的原理和这个方法是一样的。数码影像的每个像素都具有特定的位置和颜色值，因此，可以很精确地记录下图像的色调，逼真地表现出自然的景象。因为像素是以行和列的方式排列，所以图像一般是方形的。把局部放大之后可以看到一个个小方格，每个小方格里都存放着不同的颜色，这一个个的小方格就是像素点。

一幅图像的每一个像素都含有一个明确的位置和色彩数值，从而可以决定整体图像所呈现出来的形和色彩。图像中包含的像素越多，所包含的信息也就越多，所以文件越大，图像的品质也就越好（图1—7）。

2.分辨率

是衡量细节的标准，取决于所限范围图像像素的数量。最通常的表示方法是，每英寸多少像素。比如，300ppi（pixels per inch），就是每英寸300像素。分辨率的概念应用很广泛，主要有这几种：图像分辨率、显示器分辨率、打印分辨率和印刷的分辨率。

（1）显示器分辨率

显示器分辨率即指显示器上每单位长度显示的像素或点的数目，通常用dpi（dots per inch，每英寸多少点）为度量单位。显示器分辨率决定于显示器的大小和像素的设置。显示器分辨率通常有640×480、800×600和1024×768等几种。所选用的显示器分辨率越高，所能显示的范围就越大，但因为显示器屏幕的物理大小是不可变的，所以只能是以牺牲所显示对象的大小来容纳更多的对象（图1—8）。

（2）图像分辨率

图像分辨率是图像单位打印长度上像素的个数，通常用ppi（pixels per inch，每英寸所包含的像素点）表示。

前面介绍过，位图图像与分辨率有关。任何位图图像都含有有限个像素，同样显示尺寸的位图，图像分辨率越大，单位面积上像素点的数目越多，图像也描述得越细腻、清晰。例如，72ppi分辨率的l×l英寸图像共包含72像素宽×72像素高=5184像素；同样l×l英寸，分辨率为300ppi的图像则包含总共90，000像素。

通常图像分辨率设置要根据图像的用途需要来选择，比如用于网络发布的图像和用于印刷的图像由于最终发布媒介的不同，对图像分辨率的要求也不同。网络图72ppi即可无须设置得过高，而用于印刷的图像至少需要300ppi以上。

要注意的是图像分辨率只是用来决定打印输出时候的图像大小。图1—9中三种分辨率大小不同，照片影像的大小显然不一样，可是，这种图像的大小不会影响到在计算机显示器上的显示效果，比如，分别将同一幅图像的分辨率设置为100 ppi和1000 ppi，在计算机上的显示效果将不会有什么差别。

（3）打印机分辨率

打印机分辨率以dpi（dot per inch，每英寸所包含的图点）为计量单位。比如，720 dpi的喷墨打印机表示可以在一英寸的范围中喷入720个墨点。显然，打印机分辨率越高，打印输出的质量就越好，但相应的耗墨就越多，打印的速度也就越慢。值得一提的是，打印机分辨率的高低只会影响打印的品质，而不会影响打印图像的大小，因为打印大小是由图像分辨率决定的。

（4）印刷的分辨率

专业印刷的分辨率是以每英寸线数lpi（lines per inch，每英寸多少线）来确定的，决定分辨率的主要因素是每英寸内网点的数量，它与图像分辨率的概念是不同的。

图1—7

图1—8

图1—9

※ 在这里还要提一下一个虚假的分辨率，就是"插值分辨率"。"插值"是数字操作的技术，就是在像素交接之处由设备的相关软件为影像添加相适应的"点"而生成的更多的填补信息。作为Photoshop影像处理软件的一项基本功能，对图像作插值处理已经是一件轻松的事情了，许多扫描仪自身就具有这一可使影像看上去更清晰的功能。这种转换看上去比原来的像素高一些，似乎还不错，但一定要注意，这种放大倍率是虚假的。事实上插值不能从根本上提高影像的清晰度，但却可以使像素尺寸/面积减小，从而避免"马赛克"现象（色块）的发生。

三、动态范围与位深

1.动态范围

动态范围决定了从高光到暗调所覆盖信息的宽度。观察一幅来自于数码相机或扫描仪的电子影像，若动态范围小，就犹如相片中缺乏中间过渡所形成的大反差的感觉。宽容度的衡量是从0(白场)～4(黑场)的数值范围，不过无论胶片或电荷耦合器都不能表现全部的范围。在CCD或胶片上，最亮区域称为最小密度区（DMin），最暗区域称为最大密度区(DMax)，两者之间的差值称为动态范围(宽容度)。如果器件记录范围能从0.3到3.5，则动态范围是3.2D。

2.位深

位深又被称为"色彩深度"，是衡量每一个单独的像素可以表现多少不同颜色的标准，但它反映的是不连续的色阶。对于照片来讲一定要有足够的色阶层次，使影调看上去是连续的。在实践中，256个色阶感觉是非常好的，在一般情况下都可以得到大多数软件的强有力支持。色彩深度采用的是2进位的表达方法，因此 256个色阶就是28，也就是8 bit(比特)。色彩颜色位数值越高，表现的细节就越多，成像的质量也越好。一些相机和扫描仪的比特深度可以达到10 bit 或12 bit。尽管影像最终被修改后只能转换为8 bit，效果依然很不错。如果一个RGB的影像，它三个通道的每一个通道都是8 bit，那么，它通常被叫做24 bit的颜色。

四、图像与文件格式

数码影像后期处理和制作时，必然会涉及到文件格式的问题。文件的格式可以分为数码图像文件来源的原始存储格式，以及经过对原有照片修改、加工后重新存储的格式。为了节省计算机存储空间，合理、有效地利用计算机资源，计算机的文件格式可以根据图片的使用方式的不同，选择与使用需要相适应的文件存储格式。

现代数码相机通常有三种存储方式供选择，一种是采用压缩技术的JPEG格式，另外是非压缩的TIFF格式和RAW存储格式。而扫描仪获取的图像存储格式就比较多了。

但数码摄影数据输入计算机以后，面对不同的应用领域的需要，必须能将作品输出成与之相适应的不同的文件格式，这就不仅仅局限于JPEG、TIFF、RAW这几种格式，还会涉及到其他的文件格式，对此有必要有一个全面的了解。基于数码影像后期处理和制作主要使用Photoshop，而Photoshop支持的格式主要有以下几种：

1.TIFF 格式

TIFF文件格式是在图像与图形软件之间进行相互调用的最常用的文件格式，TIFF 也是一种最具弹性和灵活性的位图图像格式，几乎受所有的绘画、图像编辑和页面版面应用程序的支持，都可以让你将文件存储成TIFF的文件格式。而且，几乎所有的桌面扫描仪都可以生成TIFF图像。

TIFF格式支持具有Alpha通道的CMYK、RGB、Lab、索引颜色和灰度图像，以及无 Alpha通道的位图(Bitmap，亦称点阵图像)模式图像。所以，TIFF文件已经被广大的排版软件所接受，使它成为跨系统、跨程序的强大文件格式。

Photoshop可以在TIFF文件中存储图层，可以保留文件所有的Layer与Channel信息，包括文字图层、Layer Mask、Layer Style、Dynamic Fill Layer等。这是一个很方便的功能，因为它可以保留图像的编辑弹性，你可以直接打开这个文件，并加以编辑，但是，如果在其他应用程序中打开此文件，则只有拼合图像是可见的。

TIFF也可以使用LZW Compression选项，自动将文件压缩，得到更小的文件。但因为LZW压缩的文件并不是所有的排版软件都可以接受，所以建议你要先知道文件的用途，从而决定是否使用LZW压缩形式。

2.RAW 格式

RAW格式是一种灵活的图像文件格式，用于应用程序之间和计算机平台之间传递图像文件。RAW图像文件能支持带附加通道的Grayscale图像、RGB图像、CMYK彩色图像的图像文件格式，而且可以支持不带附加通道的Multichannel(多通道)图像、Lab图像、Indexed Color图像、Duotone图像。

RAW格式由一串描述图像中颜色信息的字节构成。每个像素都以二进制格式描述，0 代表黑色，255 代表白色（对于具有 16 位通道的图像，白色值为 65535）。Adobe Photoshop指定描述图像所需的通道数以及图像中的任何其他通道。可以指定文件扩展名（Windows）、文件类型（Mac OS）、文件创作者（Mac OS）和标题信息。

3.JPG格式

JPG格式也就是JPEG，"联合影像专家小组"(Joint Photographic Experts Group，·JPEG）格式，是在World Wide Web（万维网，即常说的互联网）及其他联机服务上常用的一种格式，JPG是网络中使用最广泛的图像格式之一。JPEG格式用于显示超文本标记语言（HTML）文档中的照片和其他连续色调图像，支持CMYK、RGB和灰度颜色模式，但不支持Alpha通道。

JPEG格式是一种"有损"压缩图形格式，所谓"有损"压缩，是指损失视觉不易察觉的图像细节数据。(JPEG)与GIF格式不同，JPEG保留RGB图像中的所有颜色信息，但通过有选择地扔掉数据来压缩文件大小。JPEG压缩级别越高，得到的图像品质越低；压缩级别越低，得到的图像品质越高。在大多数情况下JPEG格式"最佳"品质选项产生的结果与原图像几乎无分别。

在Photoshop中读取这种格式时，会自动解压，它支持24位真彩色（数百万种色彩），如果要描绘真实场景图像，也就是颜色丰富、内容细腻的图像时，可是又想减小文件所占用计算机的空间，通常就可以选择使用该图像格式。

4.PSD格式

PSD格式即Photoshop格式，这是Photoshop自带的格式，也是新建图像的默认文件格式，是唯一支持所有可用图像模式、参考线、Alpha通道、专色通道和图层的格式。因此，尽管文件有些大，如果一个作品在没有定稿之前采用此种格式，它允许您再次打开该文件时可以从上次结束时继续做下去且便于以后的修改。它对图像的编辑或处理带来许多的方便，是一种可编辑性最好的格式。通常，图像在优化输出后，所有的图层都会被合并，就不便于再进行编辑。

PSD文件格式是Photoshop独有的，所以视窗浏览器不支持PSD图像格式，图像并不能直接在网页中使用，大多数的排版软件也无法使用这个格式的文件。因此，如果想要在其他的软件中使用Photoshop产生的图像，这个格式便不适用了，你需要用其他格式来存储文件。

5.GIF格式

GIF格式即图形交换格式(Graphics Interchange Format，GIF)，是一种包含有帧、调色板、优化方案等工作信息的位图格式，是在World Wide Web及其他联机服务上常用的一种文件格式，用于显示超文本标记语言（HTML）文档中的索引颜色图形和图像。但是，该格式是一种用LZW压缩的格式，通过减少图形中的颜色达到压缩大小的目的，所以最多只支持256色。GIF格式支持动画和透明(这可以使图像边缘和Web页面背景颜色相融合)，并且提供了非常出色的、几乎没有质量损失的图像压缩。因此，它适合用于卡通、图形、Logo或对颜色数目要求不高的图像，是一种使用广泛的图像格式。

6.BMP格式

BMP格式是一种标准的点阵式图像文件格式，主要是作为资料的交换及存储的格式用在PC环境下的各种软件中。支持RGB、Indexed Color(索引颜色)、Grayscale(灰度)和Bitmap(位图)颜色模式，但不支持Alpha通道。BMP是OS/2和Windows系统中的标准图像格式，在Photoshop中用户可以为BMP图像指定Windows或OS/2格式以及颜色的位深。对于使用Windows格式的4位和8位图像，BMP还提供RLE（Run Length Encoding)的压缩，可以指定压缩方案。不过如果你的图像是CMYK模式时则不能以BMP格式存储。

7.EPS格式

EPS格式主要针对使用Encapsulated PostScript(EPS)语言的矢量图形、资料而设计的，适用于矢量图形上，但也可以用来存储点阵图像或两者同时并存。几乎所有的图形、图表和页面版面程序都支持EPS格式。EPS格式支持Lab、CMYK、RGB、Indexed Color(索引颜色)、Duotone（双色调)、Grayscale(灰度)和Bitmap(位图)模式，以及剪贴路径，但不支持Alpha通道。当EPS被用在点阵图像时，通常文件大小会比原来的还大，为了节省存储空间，基本上EPS文件应该在完稿制作最后阶段才使用。如果要打印EPS图像，必须使用PostScript打印机。

8.PDF格式

PDF是一种灵活的便携式文档格式，能跨平台、跨应用程序使用。它可以通过Acrobat阅读器浏览，并能够对其进行一定的编辑，并且它能在网上进行传输。PDF文件可以精确地显示并保留字体、页面版面以及矢量和位图图形。另外，PDF文件还可以包含电子文档搜索和导航功能。

PDF格式支持RGB、CMYK、Lab、灰度、索引颜色和位图颜色模式，并支持通道、图层等数据信息。同时，PDF格式还支持JPEG和ZIP压缩方式。

Photoshop和ImageReady识别两种类型的PDF文件：Photoshop PDF文件和Generic PDF文件。您可以打开这两种类型的PDF文件，但是只能将图像存储为Photoshop PDF格式。

9.PCX格式

PCX图像文件格式由Zsoft公司开发并发展起来，起初主要用于PC Painterbrush图像处理文件。随着PC Painterbrush的流行，PCX图像文件格式广泛地用于出版、图像艺术等领域。

PCX 格式支持 RGB、索引颜色、灰度和位图颜色模式，但不支持 Alpha 通道。PCX 格式通常使用标准的 VGA 颜色调板，图像的位深度可以是 1、4、8 或 24，但不支持自定颜色调板。PCX图像数据通过比较简单的行编码方式进行压缩，压缩较快可压缩效率不高。

10.PCT 格式

PCT 亦即PICT 文件格式，它是作为在应用程序之间传递图像的中间文件格式，主要用于Macintosh系统的绘图软件和排版软件上。此文件格式在压缩包含大面积纯色区域的图像时特别有效，对于包含大面积黑色和白色区域的 Alpha 通道，这种压缩的效果惊人。PICT 格式支持具有单个 Alpha 通道的 RGB 图像和不带 Alpha 通道的索引颜色、灰度和位图模式的图像。以 PICT 格式存储 RGB 图像时可以指定位深度和压缩选项，选取 16 位或 32 位像素的分辨率；对于灰度图像，可以选取每像素2位、4位或8位的分辨率。将文件存储为 PICT 时可以指定资源 ID 和资源名称。

11.PNG 格式

PNG图像文件是作为 GIF 的无专利替代品开发的，使用了一种压缩效率很高的无损压缩技术进行压缩，不仅有效减小了图像文件的尺寸，而且可以制作出透明背景的效果同时还可以保留矢量和文字信息。与 GIF 不同，PNG 支持 24 位图像并产生无锯齿状边缘的背景透明度；但是，某些 Web 浏览器不支持 PNG 图像。PNG 格式支持无 Alpha 通道的 RGB、索引颜色、灰度和位图模式的图像，PNG 保留灰度和 RGB 图像中的透明度。PNG用存储的Alpha通道定义文件中的透明区域，存为PNG图像格式之前，需删除要用到的Alpha通道以外的所有通道。PNG 文件格式是随着互联网的发展而流行起来的图像文件，此格式对网络图像的传送十分有利，用户可以在较短时间内获知图像内容。

12.TGA 格式

TGA（Targa）格式是Ture Vision公司开发的位图格式，专为Truevision视频卡系统使用。Targa图像得到PC中许多应用程序的支持，是许多数字图像处理及其他应用程序所产生的高质量图像的常用格式。Targa为扩展名留了较大余地，Targa格式支持 16位 RGB 图像（5位×3 种颜色通道，加上一个未使用的位）、24位 RGB 图像（8位×3 种颜色通道）和32位RGB图像（8位×3种颜色通道，加上一个 8 位 Alpha 通道），Targa 格式也支持无 Alpha 通道的索引颜色和灰度图像，而且没有图像大小的限制。当以这种格式存储 RGB 图像时，可以选取像素深度，并选择使用 RLE压缩技术进行图像数据的压缩。

五、色彩模式

Photoshop在用于传统媒体的图像处理时，它在色彩调节方面的功能非常强大。颜色模式就是为了便于人们交流而提出的一种用来量化色彩的国际统一标准，它为艺术家之间使用计算机进行色彩的交流建立了桥梁，使图像在处理、制作，乃至印刷都能够使用正确的颜色。稍具绘画常识的人都知道，画家在作画时，经常是用三原色调出千变万化的颜色来，这其实也是计算机色彩模式的基本原理，只不过它用的"原色"不止三种而已，而且在选择颜色的时候，也不一定要自己调制。从自然界获取三原色的图像，可通过数码像机或扫描仪输入电脑，在计算机中进行影像处理所使用的色彩是将自然界的色彩通过不同的计算方式，运用相关的软件，如：Photoshop将其转换成能够用于印刷的四色模式，还可以依据创作作品的应用领域转换其他的模式，展现在显示屏上。颜色模式除确定图像中能显示的颜色数之外，还影响图像的通道数以及所占用的空间和文件大小。Photoshop就提供了RGB、CMYK、Grayscale、HSB等模式，这些模式除了应用于摄影图像处理之外，还广泛应用于广告的平面设计等领域。此外，我们有时还会用到Indexed Color（索引色）模式，Duotone双色调模式以及多通道的模式，因为有些功能只能在特定的模式下才能作用于图像，所以，在此就对RGB、CMYK、HSB、Grayscale、Lab这几个常用到的主要的色彩模式分别介绍。

1.RGB 图像模式

RGB色彩就是我们常说的三原色，R代表红色（Red），G代表绿色（Green），B代表蓝色（Blue），就是说自然界里我们肉眼所能看到的任何色彩都可以由这三种色彩混合叠加而形成。RGB每个色彩数值范围都在0～255之间，图像使用三种颜色在屏幕上重叠组合可以呈现的颜色多达 1670万种，因此，这种模式也被称为"加色模式"。值得指出的是，Photoshop的许多滤镜都只能在 RGB模式下才能作用于图像。相对其他模式而言，RGB色彩模式是可以在屏幕上获得表示颜色的最精确的方法。

2.CMYK 图像模式

在CMYK图像模式中，色彩是由C（青Cyan），M（洋红Magenta），Y（黄Yellow），K(黑Black)组成的。理论上，纯青色(C)、洋红(M)和黄色（Y)色素合成后，吸收所有颜色并生成黑色。因此，这种模式也就被称为"减色模式"。由于所有打印油墨都包含一些杂质，因此C、M、Y这三种油墨其实生成的是土灰色，所以，在实际的运用中必须与黑色（K)油墨合成才能生成真正的黑色。因此，CMYK图像模式是四通道图像，多用于分色打印，也是印刷中必须使用的颜色模式。

3.Lab 模式

Lab 模式的图像是使用三种分量表示颜色，它也是三通道的图像模式。在实际操作中我们很少用到这个模式，但所有的色彩模式在 Photoshop 中的转化都是通过该模式进行的，所有的 RGB 图像在电脑中的存储读取都是通过 Lab 颜色模式进行的。

4.灰度图像模式

灰度图像模式是由8位/像素的信息组成，灰度图像模式使用多达256级灰度色来模拟颜色的层次。灰度图像中的每个像素都有一个0(黑色)到255（白色）之间的亮度值。灰度值也可以用黑色油墨覆盖的百分比来度量(0%等于白色，100%等于黑色)。因为它只有一个黑色通道，所含的信息量较少，其占用的空间也少，所以Photoshop在处理这种模式的图片时，速度非常快。在摄影创作表现为黑白图像时，一般常用的色彩模式就是此种方式。另外，有些操作只能在 Grayscale（灰阶）模式下才能进行，例如，Duotone(双色调)处理。

5.HSB 模式

HSB 模式中，H 是色度（Hue），S 是饱和度（Saturation），B 代表亮度（Brightness）。"色度"代表的就是物体的透射和反射光波的波长情况；"饱和度"表示物体色彩鲜艳的程度；"亮度"比较好理解，顾名思义就是图像各部分的明暗的程度。如果你觉得自己的作品光泽不好的话，可以尝试调整它的亮度或饱和度，就像家里的电视调彩色的按钮，来控制图像的明暗与色彩变化。

第三节 获取影像处理素材

数码影像的后期处理与制作，获取素材的方法多种多样，主要有以下三种：来自数码照相机、扫描仪、电子图库。下面分别介绍这三种获取素材的基本方法。

一、从数码照相机获取素材

从数码照相机获取素材是数码影像处理与制作的最主要的来源，因为影像处理与制作的目的是把我们自己的摄影前期创作得以延伸和升华，形成为一件完整的、优美的、动人的艺术作品，所以，从数码照相机获取素材必然是获取素材的主流（图 1–10）。

现在的数码相机对已拍摄的画面输出方式主要有三种：输入电视机观看、输入电脑和采用读卡器，使用前者简便而后者用途广泛。

1.直接输入电视机观看

在购买数码相机时，通常厂家都会配好视频连线。电视机屏幕上便会呈现你拍摄的影像了，但它仅限于观看，无助于影像的处理与制作，在此不多介绍。

2.输入电脑处理的操作

将已拍摄的数码影像输入电脑处理是数码相机最主要的输出方式，既可直接供观看，又可进行剪裁、校色以及各种特技处理，还可在电脑上把已拍画面制成电子相册，又可通过互联网发送影像给你的亲朋好友，或者通过打印机打印出彩色照片或者制作成彩色幻灯片等。

把数码影像输入电脑的连接主要有三种方式：采用传输连线方式，这是目前数码相机与计算机连接的主要方式，也有一些可采用红外线输出或相机机座式连接方式（图1–11）。

图 1–10

图 1–11

(1) 采用传输连线

购买数码相机时都配有用于与电脑传输的连线。不同的数码相机这种连线的插头端口会有所不同，例如，有的采用 USB 接口，它是通用串行总线，是较有发展前途的接口方式，现在采用 USB 接口的数码相机已越来越多，USB 的传输速度较快，用于数码影像传送时的速率比其他接口要快得多，USB

还支持热插拔；也有一些数码照相机采用RS232接口（鼠标接口），这种接口的连接较为简单，但传输信号的速率较低；有的数码相机采用RS—422接口；有的则采用SCSI接口，这是一种高速的接口，它的传输速率更高、功能更强、技术更先进；还有的采用IEEF1394接口等等。如果你的电脑没有与你的数码相机的输出连线相适合的接口，就需去另配相应的转换头。还需要注意的是数码相机上输出到电脑的端口与输出到电视机的端口是分开的，切勿混淆，输到电视机的端口通常标有"video out"或"vout"；输到电脑的端口通常采用双向双箭头符号表示。

（2）采用红外线传输

有一部分数码相机向电脑传输影像时采用无线的红外线传输方式，使用这种方式时要把数码相机的红外发射窗对准电脑的红外接受器。红外传送接口无须连线就可把数码相机中的影像传输到电脑上，具有操作简便、快捷的优点。当然，数码相机和电脑都必须具有红外传送的装置，即红外发送与接收的装置，才能进行这种无线红外传送。电脑的红外接受器一般需要另行选配，电脑和数码相机通常不配套销售，因此使用不多。

（3）采用相机底座连接

现在，有少数数码相机采用与相机配套的底座进行传输连接的方式，例如柯达"Easy Share"系统的数码相机，销售时该系统数码相机就有配套的相机底座。这种连接方式是把底座的连线分别接入电脑相应接口和电源后，已拍摄的数码相机只要放入底座之后，开启数码相机电源，相机中的数码影像便能下载到电脑上。这种底座还能自动给相机中的电池充电，以确保传输过程中不会因缺电而影响传输。柯达DX3500和DX3600就是最先采用相机底座连接的两款数码相机，它还包括一套软件，可将数码影像直接连接到Internet上，方便采用电子邮件发送照片。

3.采用读卡器传输

读卡器，有的也称之为数码伴侣，需要另行购买（图1—12）。读卡器配有专用于CF卡或SM卡或IBM微型硬盘，现在大多数的读卡器已可兼用多种储存卡。它们基本均采用USB接口，传输速率快，支持热插拔。使用读卡器好处是在外面进行摄影创作时，当照相机存储卡存满数据以后只要将数据内容放入读卡器，就可以在原存储卡上继续进行拍摄创作，回来后一并将拍摄内容再放入计算机，为摄影创作提供了极大的便利。读卡器都有配套驱动软件，使用前需要在电脑上先安装该驱动软件，安装成功后才可使用读卡器传输数码影像。值得注意的是从相机取出储存卡插入读卡器后，利用读卡器向电脑传输影像时，有一项选择是："边传边删"还是"只传不删"，前者指读卡器在向电脑传输影像的同时，删除了在储存卡中的该影像，传输完毕后储存卡上便已没有影像，可立即用于重新拍摄。后者是传输结束，储存卡中的影像依然存在。你应根据自己的需要来做出选择。

二、使用扫描仪获取素材

从扫描仪获取素材也是数码影像处理与制作的重要的来源，它可以获得传统胶片摄影的影像，以及好的图片资料等进行数码处理与制作，拓宽和丰富了影像资料的来源（图1—13）。

现在，根据扫描技术来区分，有三种扫描方式可供选择：其一是平板扫描仪；其二是胶片扫描仪；第三是滚筒式扫描仪。下面对这几种扫描仪的特点分别作一些介绍：

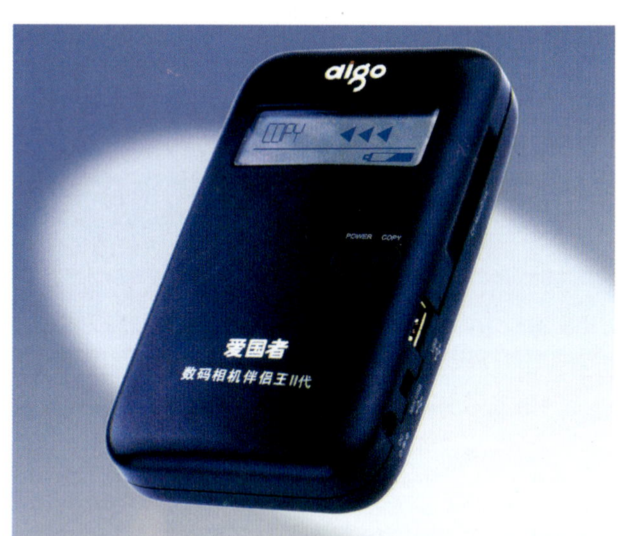

图1—12

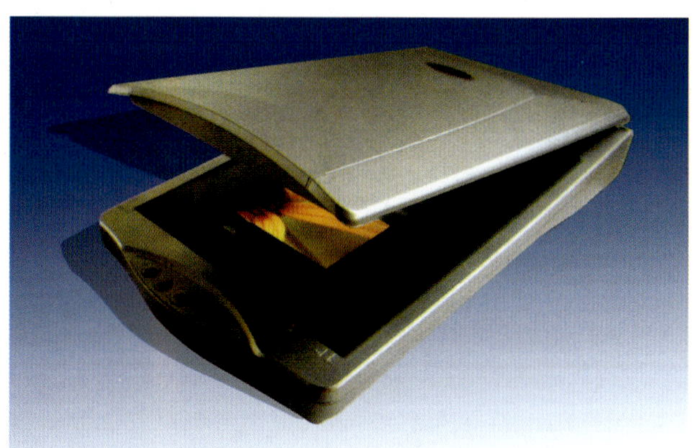

图1—13

1.平板扫描仪

平板扫描仪通常用于处理图片和反射式艺术稿件，它不仅可以扫描平面图像，而且可以处理某些文本文件。现在一般型号的扫描仪都可以达到1200dpi，甚至更高一些的分辨率，并且表现范围达36 bit的色彩深度，这些性能可以为影像的阴暗部分提供更多的影像细节。至于专业型号的扫描仪，具有极高的解析度，其分辨率通常在2000dpi以上，而色彩深度可达到48 bit，这类专业型号对影像高光、阴影部分的细节描述几乎已经达到极限，也就是和原物一模一样。此外，许多中端型号或准专业型号的扫描仪内置了透扫附件，而其他型号的平板扫描仪可以通过购买透扫附件来实现用平板扫描仪扫描胶片的功能，但这种附件对胶片的扫描效果，诸如分辨率、层次表现等都无法和专用胶片透射式扫描仪相比。

2.透射式胶片扫描仪

透射式扫描仪只能用于扫描负片或反转片，高端型号可以在影像阴暗部分及高光部分提供更好更多的影像信息质量，诸如更高的图像分辨率，更完美的影像控制，甚至具有自动去除底片上灰尘及刮痕的多种功能。现今最先进的底片扫描仪最终的输出图像质量已经可以达到接近原始图像，所以，要想达到最好的效果就必须选择分辨率最高的胶片扫描仪。

3.滚筒式扫描仪

滚筒式扫描仪是扫描仪中最高档的设备，它既可以处理反射式扫描稿也可以处理透射式扫描稿，通常被专业的色彩工作者及印刷行业使用。它是通过一个精度非常高的光电倍增管(PMT)完成透射式影像的扫描工作，被扫描物体往往附着在一个高速转动的滚筒上，通过光电倍增管或者是激光探头来完成对该物体的扫描，它允许你将一个图像、一页纸或者类似很薄的物体贴在圆形滚筒上进行扫描。滚筒式扫描仪主要被用于透射稿的扫描工作，大部分专业的服务机构都提供这种高精度的服务。

※ 需要注意的是：

(1) 扫描图像之前，一定要安装好与扫描仪型号相匹配的软件，这在购买扫描仪时厂家会随设备奉送。

(2) 还有一些很好的外挂软件也可以帮助你自动完成数字化扫描工作，比如说由Auto FX公司出品的外挂软件AutoEye，这个软件可以帮助你提高影像的色彩细节，并且可以配合所有的Photoshop外挂软件。

(3) 为了确保获得高品质的扫描效果，您应预先确定图像要求的扫描分辨率和动态范围，这对扫描的结果与以后的影像处理有直接的联系。

(4) 注意优化扫描的动态范围，人眼能够检测出的色调范围比可以打印的色调范围宽。如果扫描仪允许，可以在扫描文件之前设置黑白场，以生成最佳色调范围并捕捉最宽动态范围。

(5) 以上各种型号的扫描仪可以在扫描途中对影像做色彩、反差及其他方面的细微调整，在操作中尽可能地用好这些功能，它们会直接作用于扫描影像的品质。

(6) 如果扫描的图像中包含不想要的色痕，可以执行测试，如果是扫描仪引入，可以使用同一测试文件为使用该扫描仪扫描的所有图像创建色痕校正。

(7) 使用扫描仪时，扫描的原始图像越大，扫描的效果越好，这是因为越大的图像会让扫描捕捉的细节信息越多。

(8) 扫描图像时要注意，如果需要同时扫描几张图像，最好根据影像的曝光质量分类扫描，也就是将较暗的或者较亮图像放在一起扫描，这样的扫描效果会更好，也更容易校正图像，而不要将较暗的与过亮的图像一起扫描。

三、通过电子图库获取素材

在数码影像的处理与制作中，从电子图库获取素材也是一种常用的方法（图1-14）。这种方法主要是为后期处理与制作补充素材，所以，它常常会被人们忽略。比如，我们拍摄的风景摄影作品中天空的云彩不够理想，那就可以从专门的《云》的图库中选择下载合适的图片进行替换，从而使画面的效果更加理想。现在，Photo CD的图像专用图片库非常多，像Kodak公司等专业的影像公司以及许多的出版商都出版专用图片库。图片库内容不论是天上飞的还是地上跑的，不论是自然的生灵还是人类的创造，方方面面各样素材几乎是应有尽有。这些图像专用图片库提供的图像分辨率也相当的高，有的图片的数据量可高达70兆以上，完全符合影像后期的处理与制作的需要。而且，现在的Photo CD的图像专用图片库也相当的便宜，所以，大家平时要注意收集。这种从电子图库获取素材的方式，会给数码影像后期的处理与制作提供极大的便利，带来许多的帮助。

图1-14

中国高等院校
THE CHINESE UNIVERSITY
21世纪高等教育美术专业教材
The Art Material for Higher Education of Twenty-first Century

CHAPTER 2

数码影像的调整

第二章　数码影像的调整

数码影像的后期处理大致可以分为：影像的调整；影像的处理；影像的再创造。影像的调整是数码影像的处理与制作的最基本要求。在摄影的练习拍摄过程中，由于各种各样的因素都随时相伴并影响到最终的效果，以风景摄影为例，山川、江河、四季、晨暮、风霜、雨雪等自然条件的差异，在拍摄时还会有气温的高低、光线的强弱、光照的角度、现场环境等拍摄条件的限制，这些因素都会制约摄影创作，稍有不慎就会影响到摄影习作的质量与表现效果，所谓"失之毫厘，差之千里"，这就需要在后期处理中能够很好地修饰和弥补那些创作中可能出现的不足与缺陷。从图2–1中我们可以看出，就是一张普通的照片，经过调整与没有经过调整的影像，在影像质量方面是有着明显的差别。所以，影像的调整是数码影像后期加工的基础，也是影像的处理和影像的再创造的前期准备。

现在数码影像的后期处理与制作可以使用的软件非常多，选择的余地也比较大。根据现代摄影教学的特点，以及学习摄影的实际需要，本书选择以Photoshop和ACDSee作为数码影像后期处理所使用的软件。Photoshop是目前最为流行与最为理想的图像后期处理的大型软件，它可以对摄影作品作比较深入的处理与加工；ACDSee则是一种简单快捷的对数码影像进行处理的软件。两者各有所长，配合使用基本可以满足各种情况下数码影像的后期处理与制作要求。书中介绍的"影像的调整"、"影像的处理"与"影像的再创造"的方法都是围绕着这两个软件进行的。

图2–1

第一节 数码影像后期处理基础

现代数码影像的后期处理技术是伴随着现代计算机的品质与图像处理软件的不断完善而发展的，这种发展虽然将计算机与图像处理软件的操作越来越简化，可是要用好它们还是要有认真的了解。

在这里分别对Photoshop和ACDSee这两个软件及基本知识做一个简单的介绍。

一、关于 Photoshop 工作区域

1.Photoshop 的工作区域

Photoshop是一个大型的图像处理软件，可是它的工作区域的布置方式却很便捷，有助于在影像后期加工时集中精力编辑和处理图像，而且操作起来也非常简单，从图 2－2Photoshop 工作的区域这张图中，就可以充分看出这一点。

图 2－2

A．菜单栏 B.选项栏 C．工具箱 D.现用图像区域 E.调板井 F．调板

（1）菜单栏：菜单栏包含执行任务的菜单。这些菜单是按主题进行组织的。

（2）选项栏：选项栏提供了有关使用工具的选项。

（3）工具箱：工具箱中存放着用于创建和编辑图像的各种工具。

（4）现用图像区域。

（5）调板井：调板井可帮助您在工作区域中组织调板。

（6）调板：调板可帮助您监视和修改图像。

2.使用选项栏

在 Photoshop 中选项栏的形状与使用功能如图 2－3。

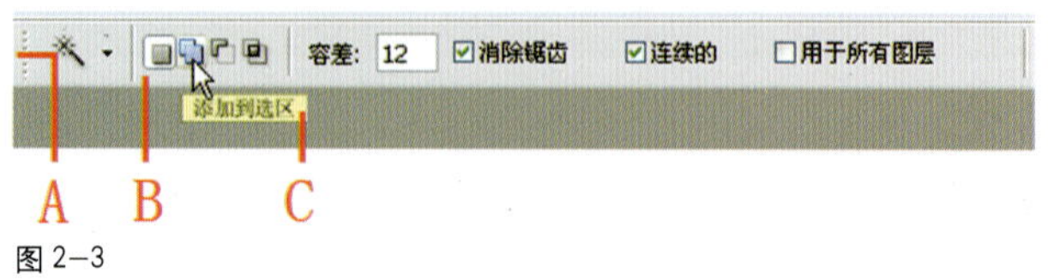

图 2－3

A．手柄栏 B.工具选项栏 C.工具提示

Photoshop的大多数工具的选项都在选项栏有所显示，选项栏与上下文相关，并且会随所选工具的不同而变化。选项栏中的一些设置对于许多工具都是通用的，例如，绘画模式和不透明度，但是有些设置则专用于某个工具，比如，用于铅笔工具的“自动抹掉”设置。

可以使用手柄栏将选项栏移动到工作区域中的任何位置，并将它停放在屏幕的顶部或底部。如果将指针悬停在工具上时会显示工具提示。

3.使用调板

Photoshop 中的调板，其形状如图 2－4。

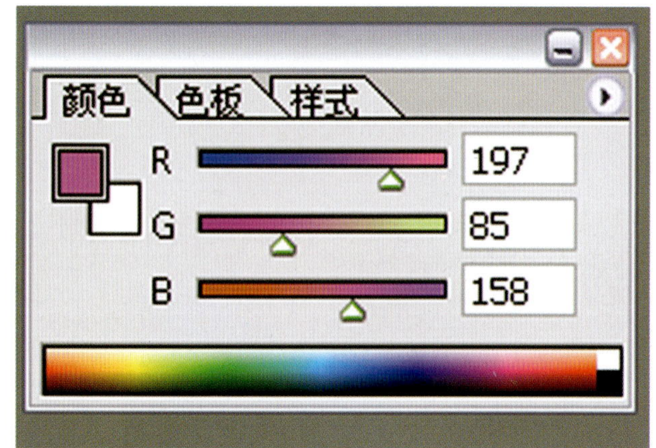

图 2－4

调板可以帮助、监视和修改图像，也可以选择让哪些调板可见。在默认情况下，调板以组的方式堆叠在一起，可以移动调板组、重新排列组中的调板，以及从组中移去调板，还可以停放调板，使其井然有序。调板可以重新排列，以便更好地利用工作区域，点按该调板的选项卡，或者从“窗口”菜单中选取该调板的名称，就可以将其显示在调板的最前面，要移动整个调板组，只要拖移其标题栏就可以。

4.使用调板井

Photoshop 选项栏包括一个调板井，其形状如图 2－5。

调板井中停放的调板可以帮助您组织和管理调板。调板井用来存储或停放您经常使用的调板，而不必使它们在工作区域中保持打开。可是点按该调板的选项卡，调板将保持打开，直到在它的外部点按或点再次按调板的选项卡。

5.使用弹出式滑块

Photoshop 中的弹出式滑块，其形状如图 2－6。

使用不同类型的弹出式滑块：A.点按可打开弹出式滑块。B.拖移滑块或角度半径。

很多调板和对话框都包含使用弹出式滑块的设置，例如：“图层”调板内的“不透明度”选项。使用弹出式滑块可

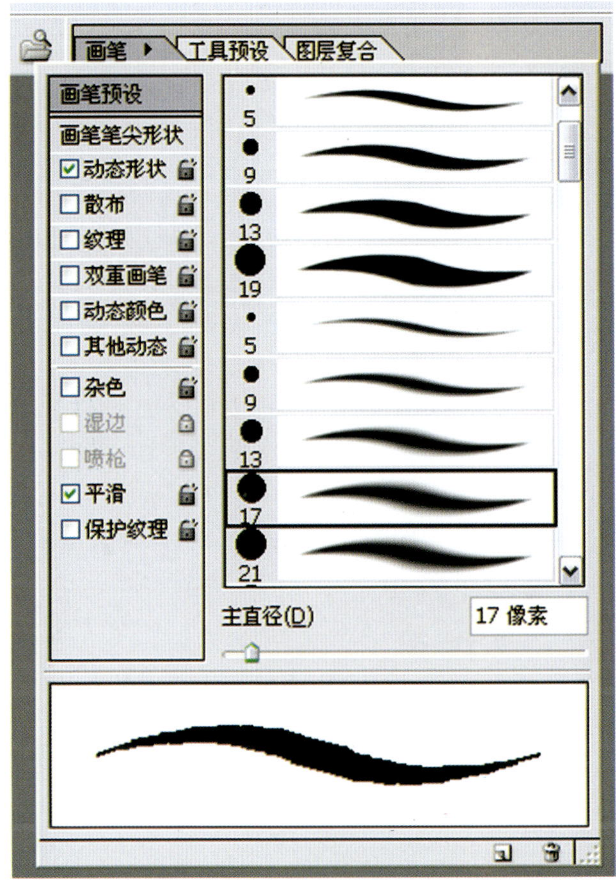

图 2–5

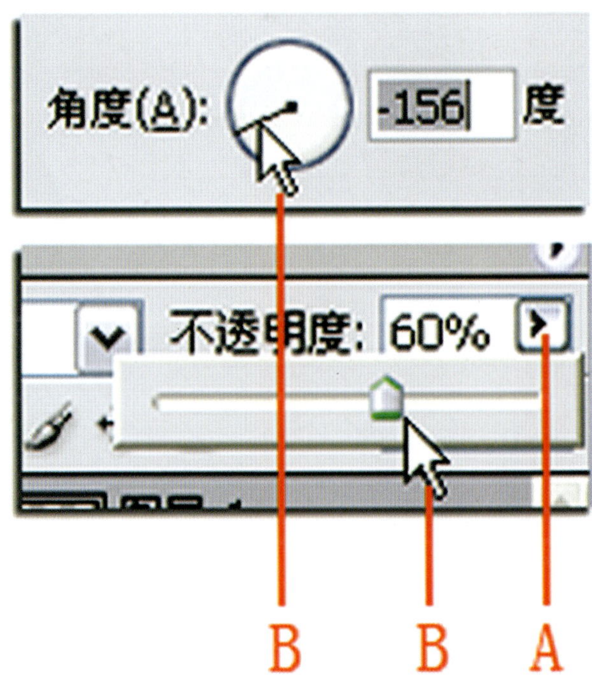

图 2–6

以对选项进行很好的控制。通常弹出式滑块会伴有文本框，以便您可以键入特定的值。

使用弹出式滑块，只需要点按设置旁边的三角形打开弹出式滑块框，然后将滑块或角半径拖移到想要的值；在滑块框外点按或者按 Enter 键或 Return 键就会关闭滑块框；要取消或者更改，就按 Escape 键（Esc）；要在弹出式滑块框打开时以 10% 的增量增加或减小值，请按住 Shift 键并按向上箭头或向下箭头键。

6. 使用弹出式调板

Photoshop 中的弹出式调板，其形状如图 2–7。

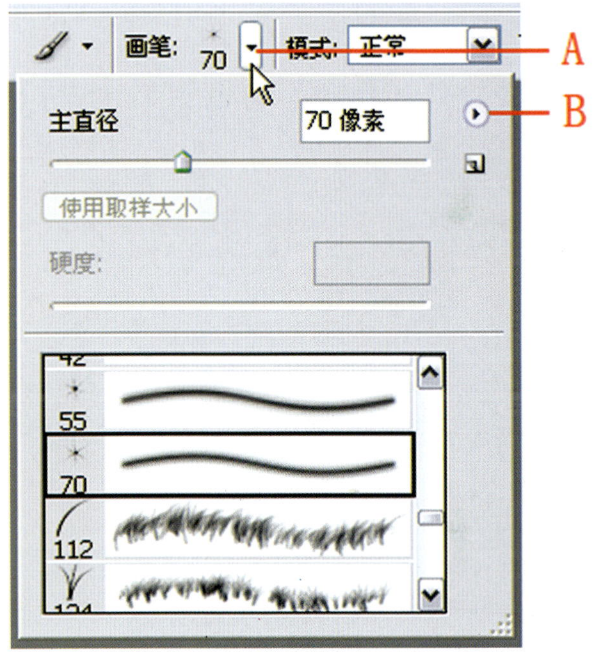

图 2–7

查看选项栏中的"画笔"弹出式调板 A. 点按以打开弹出式调板。 B. 点按以查看弹出式调板菜单。

使用弹出式调板可以轻松地访问画笔、色板、渐变、样式、图案、等高线和形状的可用选项。可以通过重命名和删除项目以及通过载入、存储和替换库来自定弹出式调板。还可以更改弹出式调板的显示，以便按名称或缩略图图标来查看项目。

7. 使用"信息"调板

Photoshop 中的"信息"调板，其形状如图 2–8。

"信息"调板显示有关指针下的颜色值的信息，以及其他有用的测量信息。信息调板显示以下信息：

（1）显示 CMYK 值，如果指针或颜色取样器下的颜色超出了可打印的 CMYK 颜色色域，信息调板将在 CMYK 值的旁边显示一个色域。

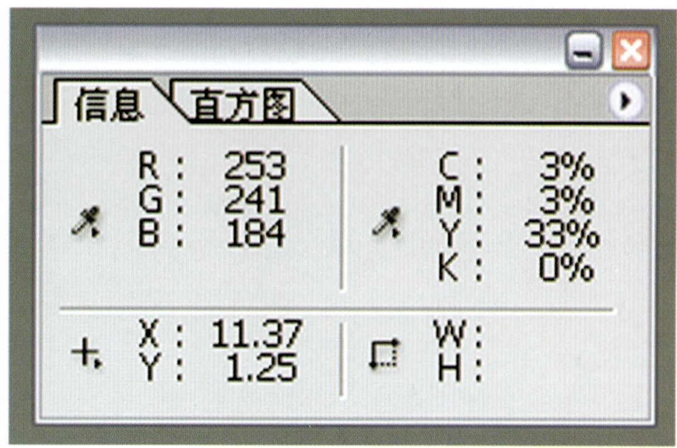

图 2–8

(2) 当使用选框工具时，"信息"调板会随着您拖移鼠标显示指针位置的 x 坐标和 y 坐标以及选框的宽度（W）和高度（H）。

(3) 当使用裁切工具或缩放工具时，"信息"调板会随着您拖移鼠标显示选框的宽度（W）和高度（H）。该调板还显示裁切选框的旋转角度。

(4) 当您使用直线工具、钢笔工具或渐变工具或移动选区时，"信息"调板会随着您拖移鼠标显示起始位置的 x 坐标和 y 坐标、X 的变化（DX）、Y 的变化（DY）、角度（A）以及距离（D）。

(5) 当使用二维变换命令时，"信息"调板会显示宽度（W）和高度（H）的百分比变化、旋转角度（A）以及水平切线（H）或垂直切线（V）的角度。

(6) 当您使用任一颜色调整对话框（例如"曲线"）时，"信息"调板会显示指针和颜色取样器下的像素的前后颜色值。

8.使用工具箱

Photoshop 中的工具箱，其形状如图 2–9。

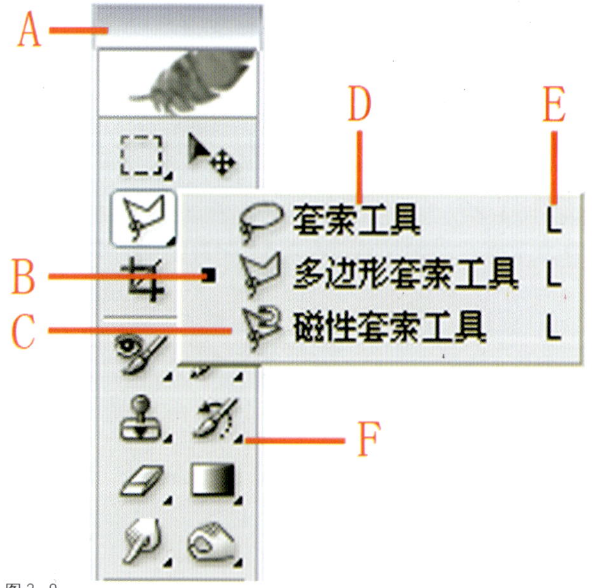

图 2–9

使用选择工具

A. 工具箱

B. 现用工具

C. 隐藏工具

D. 工具名称

E. 工具快捷键

F. 表示隐藏工具的三角形

工具箱通常在Photoshop工作界面的左侧，工具箱中的一些工具的选项会显示在上下文相关的工具选项栏中。通过这些工具可以进行选择、移动、绘画、绘制、取样、文字等工作。还可以更改前景色／背景色、在不同的模式下工作以及在 Photoshop 和 ImageReady 应用程序之间跳转。

点按工具箱内的工具图标可选择相应的工具。点按工具图标右下角带有一个小三角形，则可看到隐藏的工具，然后点按要选择的工具。键盘快捷键显示在工具提示中。要循环切换隐藏工具，请按住 Shift 键并按工具的快捷键。

二、关于图层

Photoshop"图层"就好像是一张张叠起来的醋酸纸，如果图层上没有图像，就可以一直看到底下的图层如图 2–10。图层最大的好处，就是可以在不影响图像中其他图像的情况下处理某个局部的图像。

图 2–10

图层可以通过多种不同的方法放在一起，图层可以是单个对象的方式，也可以是多个图层"编组"的方式，还可以将图层链接在一起。

1.使用图层调板

图层调板是一种最清晰、最简捷的方式。Photoshop 中的图层调板见图 2–11。图层调板列出了图像中的所有图层、图层组和图层效果，可以使用图层调板上的按钮完成诸如创建、隐藏、显示、拷贝和删除图层等许多任务。可以访问图层调板菜单和"图层"菜单上的其他命令和选项。

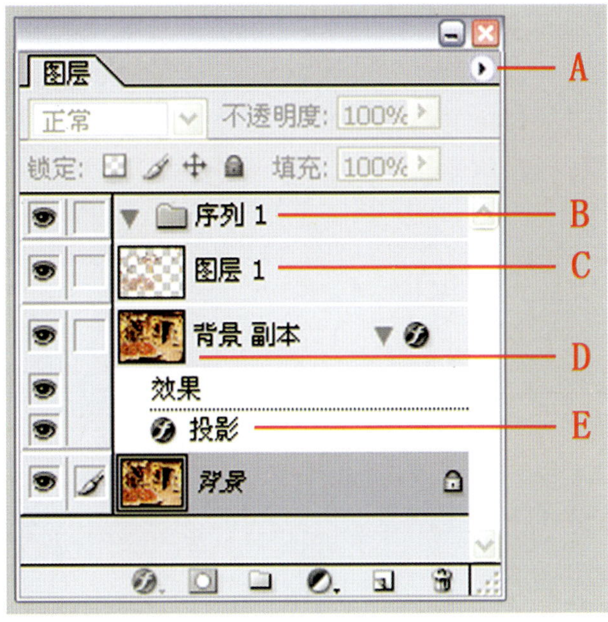

图 2–11

Photoshop 图层调板：A.图层调板菜单　B.图层组　C.图层缩览图　D.当前作用图层　E.图层效果

2.关于背景图层

使用白色背景或彩色背景创建新图像时，图层调板中最下面的图像为背景。一幅图像只能有一个背景，您无法更改背景的堆叠顺序、混合模式或不透明度，但是，可以将背景转换为常规图层。

3.创建新图层和图层组

在运行Photoshop时可以创建空图层，然后向其中添加内容，也可以利用现有的内容来创建新图层。创建新图层时，点按选取“图层”>“新建”>“图层”或者选取“图层”>“新建”>“图层组”命令，也可以从图层调板菜单中选取“新建图层”或“新建图层组”按钮来创建。

4.选择图层

在 Photoshop 中如果图像有多个图层，必须选取要处理的图层，可通过选择图层使其成为现用图层，对图像所做的任何更改都只影响现用图层。Photoshop 中可以在图层调板中或者使用移动工具选择图层，而且处理图像只能选择一个图层。

5.复制图层

就是在图像内或在图像之间拷贝内容的一种便捷方法。复制图层在图像之间进行复制图层时，如果图层拷贝到具有不同分辨率的文件中，图层的内容将显得更大或更小。

6.删除图层

删除不再需要的图层可以减小图像文件的大小。删除图层只要点按“回收站”按钮；也可以从“图层”菜单或图层调板菜单中选取“删除图层”；或者直接将图层拖移到“回收站”按钮即可。

三、关于通道

Photoshop通道是存储不同类型信息的灰度图像。打开新图像时，自动创建颜色信息通道，图像的颜色模式确定所创建的颜色通道的数目。如：RGB 图像有 4 个默认通道：红、绿、蓝色各有一个通道，以及一个用于编辑图像的复合通道。一个图像最多可有 56 个通道。通道所需的文件大小由通道中的像素信息决定。

1.使用“通道”调板

“通道”调板其形状如图2–12，它可以创建并管理通道，以及监视编辑效果。“通道”调板列出了图像中的所有通道：首先是复合通道，然后是单个颜色通道、专色通道，最后是 Alpha 通道。通道内容的缩略图显示在通道名称的左侧，它会在编辑通道时自动更新。

图 2–12

通道类型　A. 颜色通道　B.专色通道　C. Alpha 通道

2.查看通道

使用调板可以查看单个通道的任何组合。当通道在图像中可视时，在调板中该通道的左侧将出现一个眼睛图标，点按通道旁边的眼睛列，即可显示或隐藏该通道，按住 Shift 键点按以选择或取消选择多个通道。

3.管理通道

管理通道可以重新排列通道，在图像内部或图像之间复制通道，将一个通道分离为单独的图像，将单独图像中的通道合并为新图像，以及在完成这些操作后删除 Alpha 通道和专色通道。

四、关于蒙版

在运用Photoshop处理图像时，当要改变某个选择区域图像的颜色，或者要对该区域应用滤镜或其他效果时，蒙版可以隔离并保护图像其余未选中的区域部分以免被编辑，也可以在进行复杂的图像编辑时使用蒙版，比如将颜色或滤镜效果逐渐应用于图像。此外，使用蒙版可以将耗时的选区存储为 Alpha 通道后重复使用该选区。

当选中"通道"调板中的蒙版通道时，前景色和背景色以灰度值显示（图2–13）。

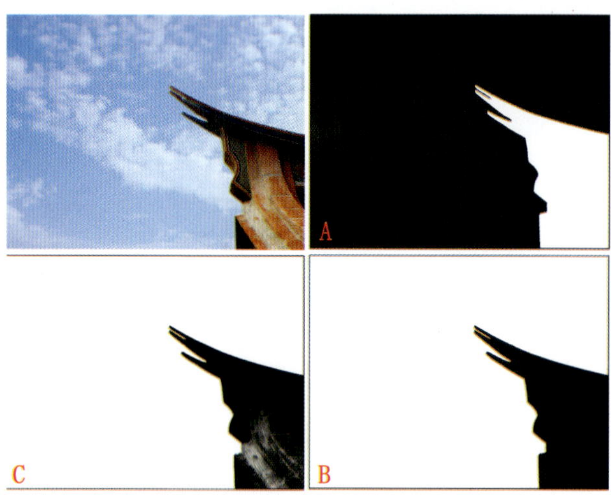

图2–13

蒙版示例：

A．用于保护背景并为外壳着色的不透明蒙版。

B．用于保护外壳并为背景着色的不透明蒙版。

C．用于为背景和部分外壳着色的半透明蒙版。

1.使用"快速蒙版"模式建立选区

要使用"快速蒙版"模式，请从选区开始，然后给它添加或从中减去选区，然后在工具箱中，点按两次"快速蒙版"模式按钮以建立蒙版，或者，在"快速蒙版"模式下创建整个蒙版。受保护区域和未受保护区域以不同颜色进行区分，当离开"快速蒙版"模式时，未受保护区域成为选区，当在"快速蒙版"模式中工作时，"通道"调板中出现一个临时快速蒙版通道。但是，所有的蒙版编辑是在图像窗口中完成。

2.关于蒙版图层

就是控制图层或图层组中的不同区域如何隐藏和显示蒙版。通过更改这种蒙版，可以对图层应用各种特殊效果，而不会实际影响该图层上的像素，然后可以应用蒙版并使这些更改永久生效，或者删除蒙版而不应用更改。

3.蒙版类型

蒙版有两种类型。一种是：图层蒙版，它是位图图像，与分辨率相关，并且由绘画或选择工具创建；另一种是：矢量蒙版，它与分辨率无关，它是由钢笔或形状工具创建的。

4.创建和编辑图层蒙版

可以使用图层蒙版遮蔽整个图层或图层组，或者只遮蔽其中的所选部分。也可以编辑图层蒙版，向蒙版区域中添加内容或从中减去内容。图层蒙版是灰度图像，因此用黑色绘制的内容将会隐藏，用白色绘制的内容将会显示，而用灰色色调绘制的内容将以各级透明度显示。

5.创建和编辑矢量蒙版

矢量蒙版可在图层上创建锐边形状，无论何时需要添加边缘清晰分明的设计元素，都可以使用矢量蒙版。使用矢量蒙版创建图层之后，您可以给该图层应用一个或多个图层样式，如果需要，还可以编辑这些图层样式，并且立即会有可用的按钮、面板或其他 Web 设计元素。

五、关于 ACDSee 工作区域

ACDSee的工作区域见图2–14，ACDSee也是一个可以对图像处理软件，它的工作区域的布置方式类似Photoshop，对影像后期加工和处理带来了方便，从工作的区域图中就可以充分体现这一点（图2–14）。

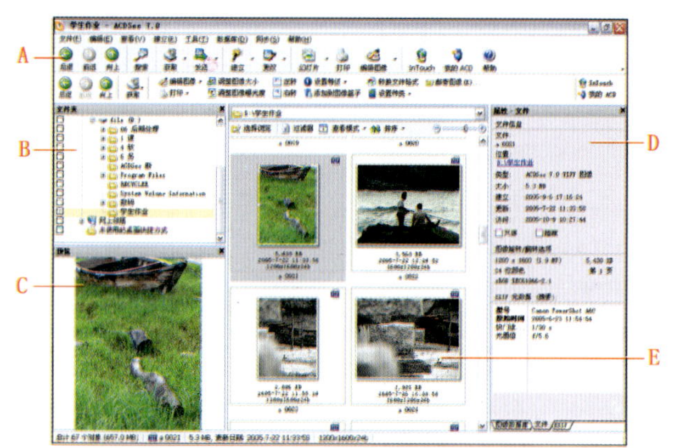

图2–14

ACDSee工作区域：A.菜单栏　B.选项栏　C.窗口　D.编辑面板　E.图像区域

ACDSee工作区域的"菜单栏"、"选项栏"等，作用与使用方法和 Photoshop 基本相同。

第二节　读取图片元数据

一、使用文件浏览器

当我们使用数码照相机把现实世界中许多美好的事物拍摄下来，我们的计算机中就会存储了成百上千的照片，对于这些照片的编辑与管理就会使用到图像浏览软件。现在，可以进行图像浏览与管理的软件也是比较多的，从 Windows自带的"图片和传真查看器"，到专门的ACDSee、Paint Shop Pro、豪杰大眼睛等软件都可以进行图像浏览，就像Photoshop这些专门的图像处理软件都带有图像浏览的功能。现在的图像浏览软件能够以缩略图的方式显示某一选定的文件夹下的所有图片，并且允许用户进行单幅图像的浏览或者进行一些简单的编辑工作。下面就选择最常用的Windows、ACDSee和Photoshop软件中的文件浏览器分别做一些介绍。

1.使用 Windows 图片和传真查看器

以前使用 Windows 浏览照片并不容易，现在 Windows XP只要输入或者插入数码相机，照片就立刻出现，可以马上进行编辑将它们保存在 CD 上或者打印出来，也可以通过电子邮件直接向网站发布图像，或者将其发送给在线零售商进行专业质量打印。

使用 Windows 图片和传真查看器（图2—15)。首先，Windows 图片和传真查看器可以非常方便地查看图像，Windows 提供了专用的使用工具和功能，将图片保存到文件夹、子文件夹或任何自定义为图片文件夹里的文件。

通过单击菜单上“查看”的命令，可以用不同的图像查看方式查看图像(图2—16)，可以采用“缩略图”方式，还可以“幻灯片”方式查看图像或者以“详细信息”的方式显示。

使用Windows 图片传真查看器可以对图像进行旋转(图2—17)。同时，可以执行基本的图片文档任务，包括不打开图像编辑程序而直接用传真发送文档。

对于文档和图片和图像文件的管理，Windows 的资源管理器都能够给你很大帮助。你可以先在计算机上创建个人或主题文件夹，然后将传送到计算机中的来自数码相机或扫描仪等的图片保存到指定的文件夹或子文件夹中，并对它们进行分类保管或设置为专用。如果要将特定内容的图片或用于特定目的的图片与其他图片分开，也可以通过创建相册文件夹来存储相关的图片。这样，可以使你的图像资料井井有条，再多的文件夹也可以非常便利、快捷地访问到其中的文件。Windows的资源管理器能够让你选择与其他软件连接的打开方式（图2—18)，极大地方便了对图像文件内容的查看与处理。

运用 Windows 来查看图片，其优势主要体现在管理功能，图像功能方面虽然Windows 也提供了几种查看图片的方法，但它没有任何图像处理功能，这是 Windows 的根本属性决定的。

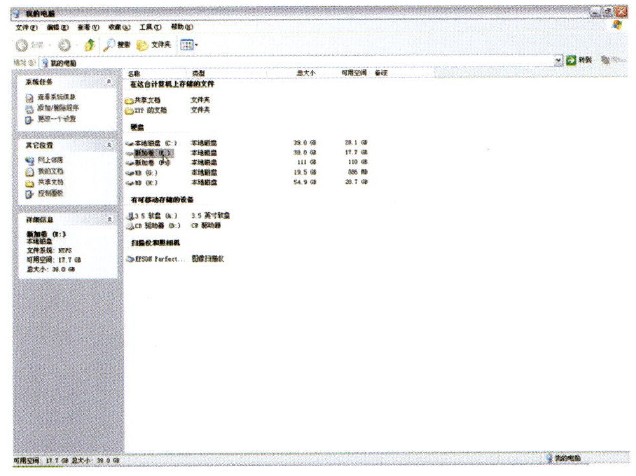

图2—15

图2—16

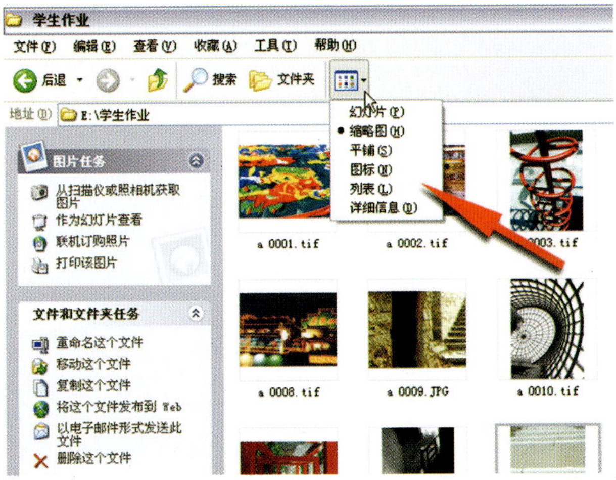

图2—17

图2—18

2. ACDSee图像浏览软件

ACDSee是最好的数字图像浏览软件之一，它能广泛应用于图片的获取、管理、浏览、优化等常用的操作，ACDSee的界面见图2–19。用ACDSee来管理图像文件，能够进行便捷的查找、组织和预览，并且处理数码照片非常方便。

在ACDSee中浏览照片，可以通过缩略图、大图标、列表、详细资料等方式来显示照片文件夹。选择菜单见图2–20。

ACDSee中可以设置预览图的大小和显示照片的图像模式，调节图像大小的滑标在ACDSee界面的右上角，具体位置见图2–21。

在ACDSee中还可以选择手动与自动放映方式来连续浏览照片。ACDSee可以支持超过50种常用多媒体格式，ACDSee能快速、高质量显示您的图像文件。ACDSee支持快速浏览光盘内容，通过"Media window"，允许直接播放各类通用的音频和视频文件，并且可以实现全屏播放和支持Flash动画。

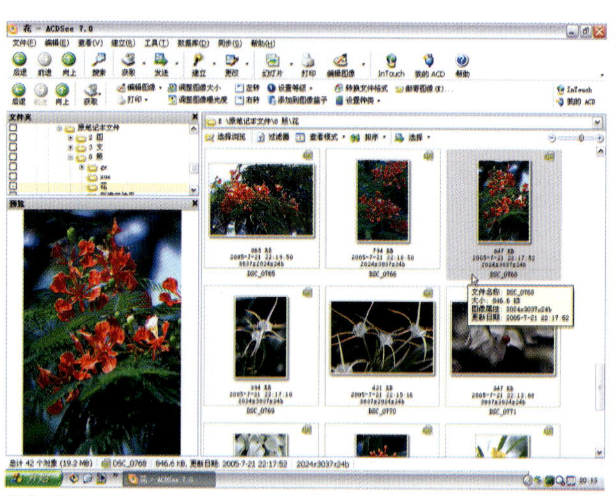

图2–19

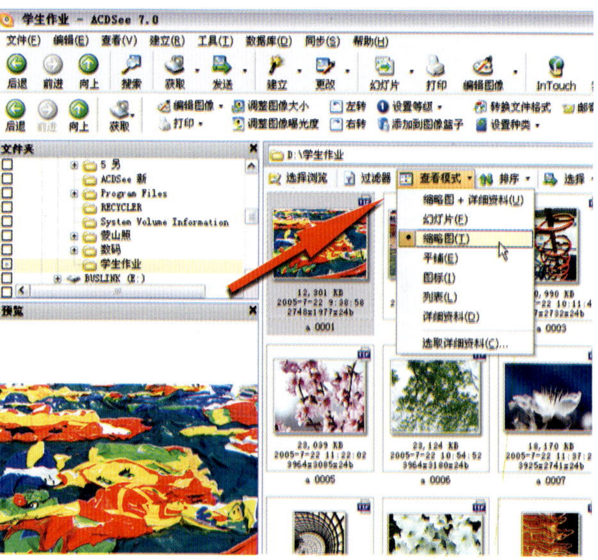

图2–20

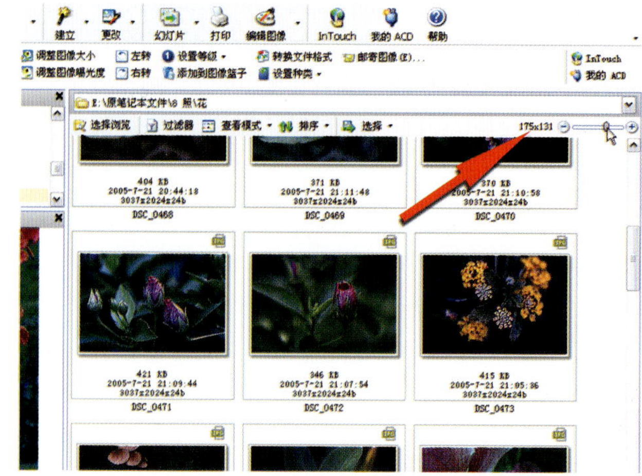

图2–21

3. 使用Photoshop文件浏览器

对于图像文件的浏览，还可以在Photoshop"窗口"中点按选项栏的"文件浏览器"按钮来管理、组织和浏览图像。要打开Photoshop "文件浏览器"，有几种方法：(1)点击下拉菜单"文件">"浏览"；(2)点击下拉菜单"窗口">"文件浏览器"；(3)点按选项栏中的"文件浏览器"按钮，具体位置见图2–22。

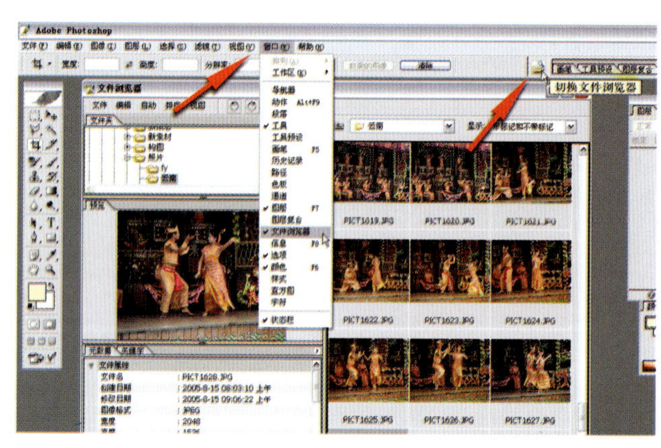

图2–22

用Photoshop文件浏览器对图像文件进行查看、排序和处理，是通过移动调板和调整调板大小来自定"文件浏览器"窗口，并浏览计算机上文件夹内的图像文件。在"文件浏览器"窗口可以创建新文件夹、重命名、移动和删除文件等，还可以查看从数码相机导入的个别文件信息和数据（图2–23）。

"文件浏览器"调板区域包含四个调板，见图2–24。它们可以分别执行文件浏览的某些任务：

(1) "文件夹"调板用于浏览计算机上的文件夹；

(2) "预览"调板显示图像的缩览图；

(3) "元数据"调板包含图像的元数据信息；

(4) "关键字"调板向图像附加关键字，以此来帮助您组织图像。

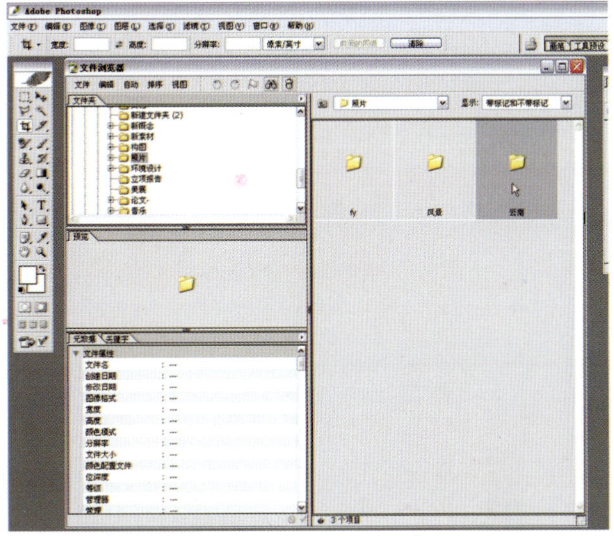

图 2—23

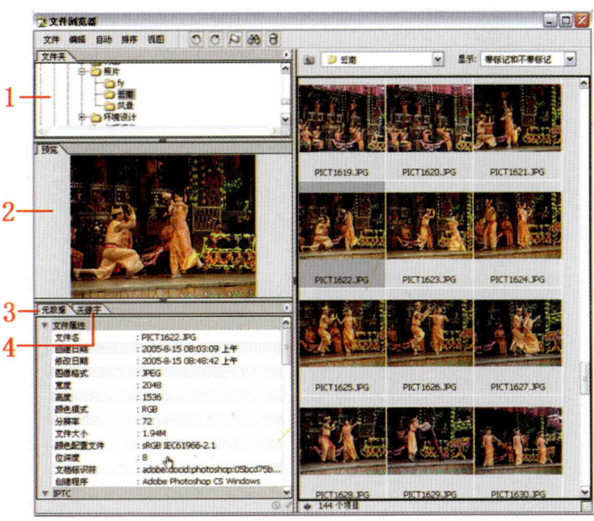

图 2—24

二、读取元数据

读取数码图像的元数据是数码影像后期处理与制作的一项重要工作。通过读取图像的元数据可以在影像处理与制作之前，对要进行加工的影像品质有一个准确的判断与评估，有利于进一步创作时为构思、处理、制作做科学的决策与充分的准备；同时，读取图像的元数据也有利于找到摄影中问题的所在，从而可以不断提高摄影技艺。

现在的数码照相机在拍摄时就将这些信息随机嵌入，图像处理软件都具备这些信息的解读功能。元数据的发布已可以应用于若干软件的元数据模板，内容非常翔实与周到。它包括：文件属性，描述文件的特性等等，还可以为文件添加题注及版权信息。下面就介绍在Photoshop和ACDSee图像处理软件如何解读图像的元数据。

1. 从 Photoshop 读取元数据

Photoshop 的文件浏览器能够直接访问图片中的内嵌信息，或者是在打开文件时Photoshop嵌入的，他们集中在元数据标题下。

打开 Photoshop “文件浏览器”窗就可以从这几个地方读取元数据（图 2—25）。

“文件浏览器”的“元数据”调板（图 2—26），它能够显示以下类型的元数据：文件属性：包括大小、创建日期、修改日期，还包含拍摄图像时相机所用的设置：光圈、速度、文件格式、图像的更改日志和编辑历史记录等等。

图 2—25

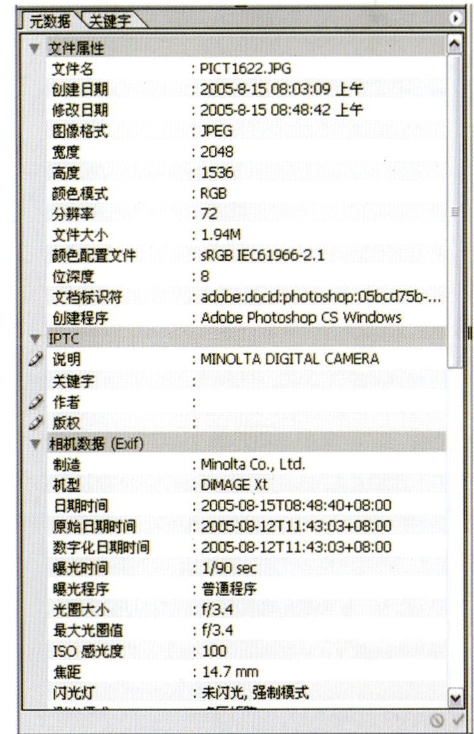

图 2—26

2. 从 ACDSee 读取元数据

从ACDSee读取元数据，它的元数据是在“属性”的调板下。还可以从“浏览器”窗口的以下几个地方打开和读取元数据（图2–27）。

ACDSee“浏览器”的“属性”调板和Photoshop“文件浏览器”一样，能够详细地显示元数据（图2–28）。元数据包括以下的内容：文件属性、文件大小、创建日期、修改日期，还包含拍摄图像时相机所用的设置：光圈、速度、文件格式、图像的更改日志和编辑历史记录等等。

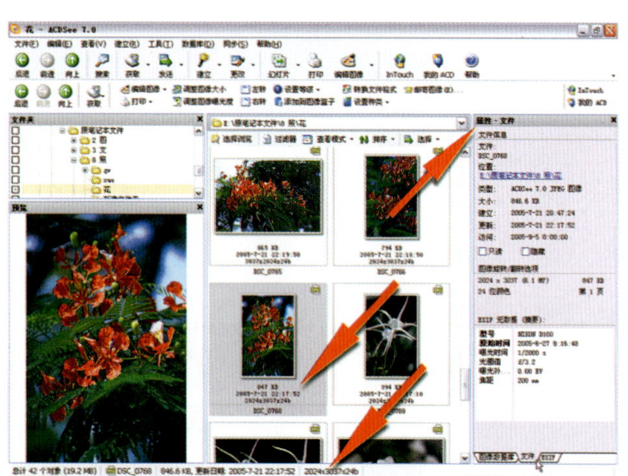

图2–27

属性 - EXIF

相机	
设置	NIKON CORPORATION
型号	NIKON D100
X 分辨率	300/1
Y 分辨率	300/1
软件	Adobe Photoshop 7.0
日期/时间	2005-7-21 22:17:50
参照黑白	(0, 255, 0, 255, 0, 255)
图像	
图像描述	...
画家	
版权	
曝光时间	1/2000 s
光圈值	f/3.2
原始时间	2005-6-27 9:16:48
数码时间	2005-6-27 9:16:48
光圈值	未知
曝光补偿值	0.00 EV
最大光圈值	f/2.8
焦距	200 mm
用户注释	...
子秒时间	54
原始子秒时间	70
数字化子秒时间	70
X 维度像素	2024
Y 维度像素	3037
相关声音文件	
闪光灯	未知
空间频率应答	未知
焦平面 X 分辨率	未知
焦平面 Y 分辨率	未知
焦平面分辨率...	未知
拍摄位置	未知
曝光索引	未知
传感类型	未知

图像数据库 文件 EXIF

图2–28

第三节　调整图像的构图与透视

一 、缩放和旋转图像

在摄影创作中，通常不可能在拍摄时就把构图处理得完美无缺，实际上这样的要求在大多数拍摄条件下是无法实现的。在进行数码后期处理的时候，就可以非常方便地对拍摄的图像进行认真地分析并进行重新裁切，这项工作主要运用Photoshop中“编辑”>“变换”功能（图2–29）。

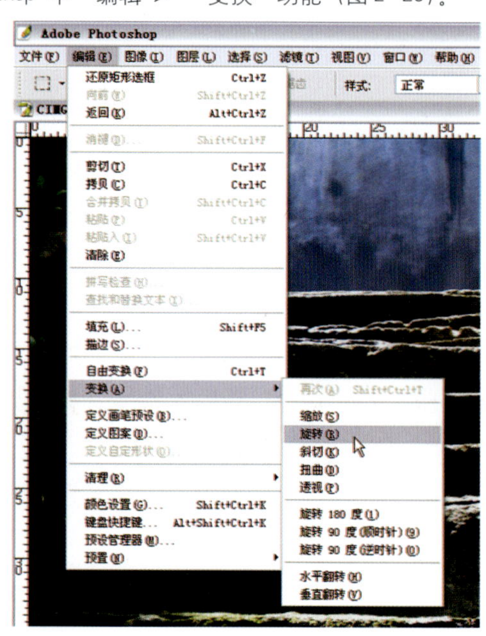

图2–29

（1）Photoshop中“变换”菜单下的命令有下列5个（图2–30）。

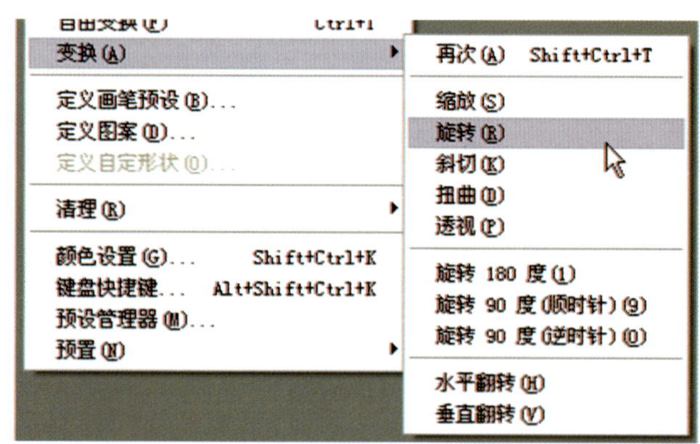

图2–30

a.“缩放”，相对于项目的参考点扩大或缩小，可以水平、垂直或同时沿这两个方向缩放。

b.“旋转”，围绕参考点转动，默认情况下，该点位于对象的中心，但是，您可以将它移动到另一个位置。

c.“斜切”，可用于垂直或水平地倾斜。

d.“扭曲”，可用于向所有方向伸展。

e.“应用透视”，将单点透视应用到项目。

（2）选取“编辑”>“变换”可以从子菜单中选取下列命令：

a.“旋转 180 度”旋转半圈。

b.“顺时针旋转 90 度”顺时针旋转四分之一圈。

c.“逆时针旋转 90 度”逆时针旋转四分之一圈。

d.“水平翻转”沿垂直轴水平翻转。

e.“垂直翻转”沿水平轴垂直翻转。

对于所有类型的变换，都可以根据需要在选项栏中输入数值。例如，要旋转项目，在“旋转”文本框中指定角度。

这些功能可以应用于选区、整个图层、多个图层或图层蒙版、路径和通道等，只要将变换多个图层在“图层”调板中将图层链接到一起就可以进行。它们在处理构图问题中是非常有用的，操作起来很简单，但给摄影构图的处理和调节带来了极大的方便。

下面就通过一些实例来具体介绍这些命令的使用方法。

实例1，图2—31，该作业以铁轨为表现主体，后面是油菜花与绿色的田野，全部采用横线条构图，画面简洁和谐。遗憾的是画面所有的横线都不是水平的，右高左低，有一点斜，这就影响了作品的表现效果，在后期处理中只要稍加调整就可以弥补这点问题。

（1）选取调整范围，然后点击“编辑”>“变换”>“斜切”命令。

在Photoshop图像调整中，如果要对图像的一部分进行调整，就用选取工具选择该部分；如果没有选择具体的对象，就将应用于整个图像的调整（图 2—31—1）。

图 2—31

（2）向上拖动左上角，使画面主体呈水平状（图（2—31—2）。

（3）这样就使画面达到理想的效果（图 2—31—3）。

图 2—31—1

图 2—31—2

图 2—31—3

Photoshop 的“变换”功能可以在应用渐增变换之前连续执行几个命令。例如，您可以选取“缩放”，拖移手柄进行缩放，然后选取“扭曲”，拖移手柄进行扭曲，然后按 Enter 键或 Return 键应用这两个变换。

实例2，图2–32，这一张风景习作，作者选择了竖构图。所以，在构图的处理中先要将它旋转然后再调节画面的大小。

（1）先点击"编辑">"变换">"旋转"命令，将画面按顺时针方向旋转 90 度（图 2–32–1）。

点击了"旋转"命令后，只要将指针移到定界框之外，指针变为弯曲的双向箭头，就可以将图像根据调整的需要向左右旋转。按 Shift 键可将旋转限制为按 15 度增量进行。

（2）由于该画面天空没有内容，对烘托主题没有什么作用，因此，显得所占比例过大。在这幅作品的处理中可以选择"变换"中的"缩放"功能。因为，该作品下面表现主体是花朵，稍微拉伸不会影响到画面的视觉效果，反而通过拉伸时主体物变大，更加突出主题（图 2–32–2、图 2–32–3）。

点击"缩放"命令后，就可以拖移定界框上的手柄，当定位到手柄上时，指针将变为双箭头，然后进行拖移。拖移角手柄时按住 Shift 键可按比例缩放。

（3）最后，按 Enter 键或者在变换选框内连击鼠标左键两次，就可以确定完成这项操作。经过对构图的调整以后，该习作成为一个比较理想的摄影作品（图 2–32–4）。

图 2–32

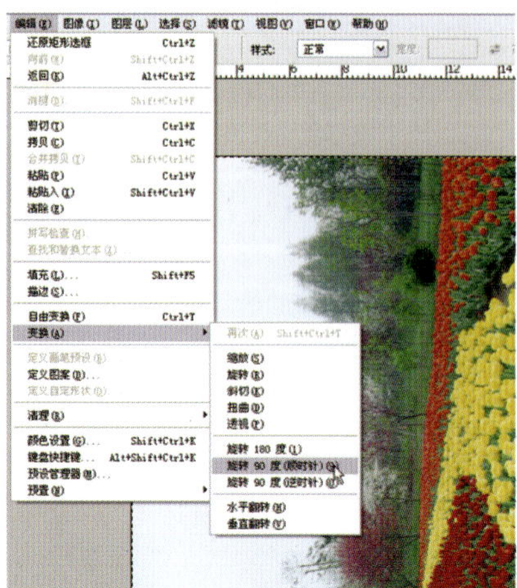
图 2–32–1

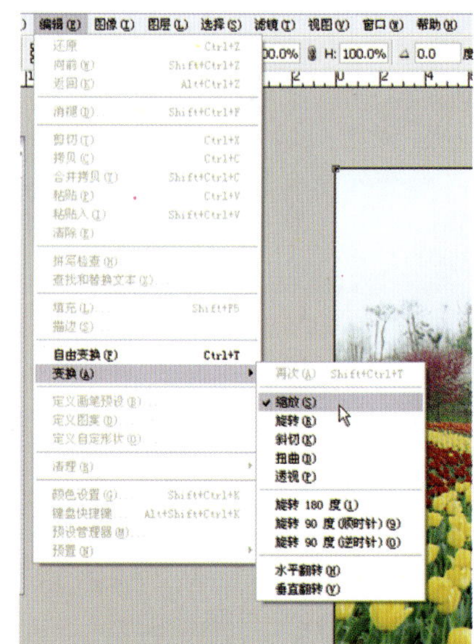
图 2–32–2

图 2–32–3

图 2–32–4

实例3，图2—33，这一张风景作业，画面中城墙透视线显得有点尴尬，如果加大城墙的透视变化，可以增加画面视觉对比与变化。采用Photoshop 中"应用透视" 命令就可以实现这个目标。

（1）用工具箱中矩形选框工具选取调整区域，然后在Photoshop 中点击"编辑">"变换">"应用透视"命令（图2—33—1）。

（2）再将指针移到定界框的右上角，向下拖移手柄，使画面形成左边大右边小的变化（图2—33—2）。

（3）最后剪除上下的多余部分，画面加大透视变化后，使影像画面显得生动许多（图2—33—3）。

图2—33

图2—33—1

图2—33—2

图2—33—3

二、裁切图像

创作后期的影像处理中，许多作品都需要根据创作的意图对图像的画面进行裁切，移去部分不需要的东西以形成突出主题或加强构图感染力的艺术效果。在这个处理过程中，可以使用Photoshop 中"裁切"命令和裁切工具来裁切图像，Photoshop 的"裁切"命令和裁切工具，基本满足了图像裁切的各种需要。

下面就通过一些实例来具体说明他们的用途及使用方法。

1.使用裁切命令

实例4，图2—34，该习作拍摄的是迎春花，画面选取范围稍大了一些，显得有些乱。可以通过裁切缩小表现范围，选择其中一组花朵或一个部分，会使主体物更加突出。裁减多余的部分可以选择"裁切"命令。

（1）使用"裁切"命令裁切图像，先要使用选框工具选择保留的图像部分（图2—34—1）。

（2）打开Photoshop 中的"图像">"裁切"命令，点击"裁切"命令就可以完成图像的裁减（图2—34—2）。

图2-34

图2-34-1

图2-34-2

2.使用裁切工具

实例5，图2-35，该习作是风景练习，画面中的两棵直立的树显得有些呆板，结果作业平淡无味。这张作业的修改，可以通过裁减可以改变画面的结构，使画面面貌焕然一新。然而，根据这张作业的具体情况，如果使用Photoshop 中的"裁切"命令，不能够改变两棵树直立而显得呆板的现象，此时采用工具箱中的"裁切工具"就更加合适。

Photoshop的"裁切工具"是一种非常方便灵活的修改工具，这个"裁切工具"有多种裁切方式：

·可以任意地设置定界框范围，来改变画面的大小。

·可以将指针放在定界框内并拖移，将选框移动到画面中合适的位置。

·如果要缩放选框，请拖移手柄，如果要约束比例，请在拖移角手柄时按住 Shift 键。

·如果要旋转选框，请将指针放在定界框外，指针变为弯曲的箭头便可以拖移（如果图像是位图模式，则无法旋转选框）。

·在裁切过程中重新取样可将"图像">"图像大小"命令的功能与裁切工具的功能组合起来。

（1）选择使用工具箱中的"裁切"工具（图2-35-1）。

（2）然后在画面上创建一个选框，保留图像中需要的部分。这个选框在开始时不必十分精确，如果有必要可以在后面的操作中调整裁切选框选区的范围（图2-35-2）。

（3）在基本确定"裁切"范围以后，结合这幅习作构图处理的需要，再选择使用该工具可"旋转"的功能，将指针移动到定界框以外，把定界框沿顺时针方向旋转（图2-35-3）。

（4）这样的处理使画面变成斜线型构图，增加了画面的动感从而使画面生动起来（图2-35-4）。

图2-35

图 2-35-1

图 2-35-2

图 2-35-3

图 2-35-4

三、矫正图像的透视

在摄影中，由于镜头焦点距离的变化，镜头对透视的敏感程度要高于人的眼睛，所以经常在图像中所产生的透视关系并不符合创作的需要，这就需要在图像后期的处理中对画面的透视关系进行调整。在 Photoshop 中可以用 "斜切" 或 "自由变换" 命令，对画面的透视关系进行适当的调整，使图像的透视现象达到预想的效果。

下面通过一些实例来具体说明如何在影像调整中矫正画面的透视。

1.运用 "斜切" 命令调节透视

实例6，图2-36，该作业拍摄的是街道与高楼，由于距离较近，所以后面的楼房产生了透视变化。在处理大楼的透视变化时，可以采用Photoshop中 "编辑">"变换">"斜切" 命令来进行调整。

(1)选用工具箱中矩形选框工具选好调整区域，点击"编辑">"变换">"斜切" 命令开始调节（图2-36-1）。

(2) 先将指针移到定界框右边的上角，向右拖移手柄至合适的位置，这时会发现画面物体开始向右倾斜（图2-36-2）。

(3) 再将指针移到定界框左上角，拖移手柄向左边进行调节。这种调整可以往复进行，直到使大楼两边的轮廓线呈垂直线（图2-36-3）。

(4) 通过这样的调整，画面影像的透视关系更加符合人们的视觉习惯，使作品看上去更加完美（图2-36-4）。

图 2–36

图 2–36–1

图 2–36–2

图 2–36–3

图 2–36–4

2.使用“自由变换”命令调节透视

实例7，图2–37，该作业拍摄的是通过廊柱看见的中国建筑的屋顶部，由于距离太近，使廊柱产生了明显的透视变化，这样的透视变化影响了画面的构图结构，必须要进行调整。

可以选择Photoshop "编辑">"自由变换" 命令调节透视，"自由变换" 是一项非常方便的集成命令，它可在一个命令中连续地操作旋转、缩放、斜切、扭曲和透视多个命令，您只需在键盘上按住一个键，即可在各类型之间进行切换，不必选取其他命令，要比分别应用每个变换命令更方便可取。

使用"自由变换"命令具体操作方法：

·如果要通过拖移进行缩放，只要拖移手柄即可以完成操作。拖移角手柄时按住 Shift 键为按比例缩放。

·如果要通过拖移进行旋转，将指针移动到定界框的外部，当指针变为弯曲的双向箭头时，拖移就可以进行旋转。如果要根据数字旋转，在选项栏的旋转文本框中输入角度便可以。

·如果要自由扭曲，请按住 Ctrl 键拖移手柄。

·如果要相对于定界框的中心点扭曲，按住 Alt 键并拖移手柄。

·如果要应用透视，请按住 Ctrl+Alt+Shift 组合键拖移角手柄。

·如果要斜切，请按住 Ctrl+Shift 组合键拖移边手柄。

（1）在进行图像处理操作时使用"自由变换"命令，同样需要先用工具箱中矩形选框工具选好调整区域。然后点击"编辑">"自由变换"命令，图像中会显示定界框（图 2–37–1）。

（2）根据这张图片的需要，将指针移到定界框右边的上角，按住 Alt 键并将手柄向右拖移。同此法经指针移到定界框左上角便可以向左拖移（图 2–37–2）。

（3）调整好透视变化以后，现在再来解决这张图片的左右柱子宽度不一样的问题。将指针移到定界框左边的中间向左拖移，至两边对称（图 2–37–3）。

（4）通过执行"自由变换"命令，使画面的框形结构趋于理想。同样，如果要取消前面的操作，按 Esc 键或点按选项栏中的"取消"按钮即可（图 2–37–4）。

图 2–37

图 2–37–1

图 2–37–2

图 2–37–3

图 2-37-4

四、修饰和修复图像

经过旋转、裁切等调整以后，画面的构图基本上就确定了。下一步通常要对照片进行修饰与修复。因为，不论是摄影还是扫描，影像中经常会出现一些瑕疵，有的是拍摄环境造成的、有的是设备造成的，也有的是技术问题造成的，对于这些瑕疵就要在进一步调整之前把它们处理好，以免给后面的工作带来麻烦。

在 Photoshop 中修饰和修复图像还是比较方便的，而且方法也比较多，可以直接使用修补工具，也可以用剪贴的方法，还有的是运用滤镜等综合技术方法，这些方法都可以实现修饰与修复目标。

下面就通过一些实例来具体介绍使用“工具”与“剪贴”这两种基本的修饰与修补画面的方法。

1.使用“工具”修饰与修复图像

在 Photoshop 中可以修整影像的工具还是比较多的，有：“仿制图章工具”、“图案图章工具”、“修复画笔工具”和“修补工具”等，这些工具是通过仿制像素来修复图像，所以，只要方法运用得当，修饰和修复结果会非常逼真，效果也非常好。

这些工具使用效果虽有差异，但使用方法基本相似，这里就介绍具有代表性的，也是使用最多的“仿制图章工具”。

实例8，图 2-38，该图像是通过扫描得到的影像。这类数码影像由于经过胶片的冲洗、扩印、存放再到扫描这样一些过程，所以，照片上难免出现斑点、划痕、水迹等瑕疵，这些问题就可以用“仿制图章工具”进行修复。

图 2-38

（1）“仿制图章工具”位于工具栏中（图 2-38-1）。

（2）使用仿制图章工具时，需要设置一个区域上的取样点。如果在选项栏中选择“使用所有图层”可以从所有可视图层对数据进行取样，取消“使用所有图层”后就只从现用图层取样。然后，就可以将样本应用到图像的其他部分，也可以将一个图层的一部分仿制到另一个图层（图 2-38-2）。

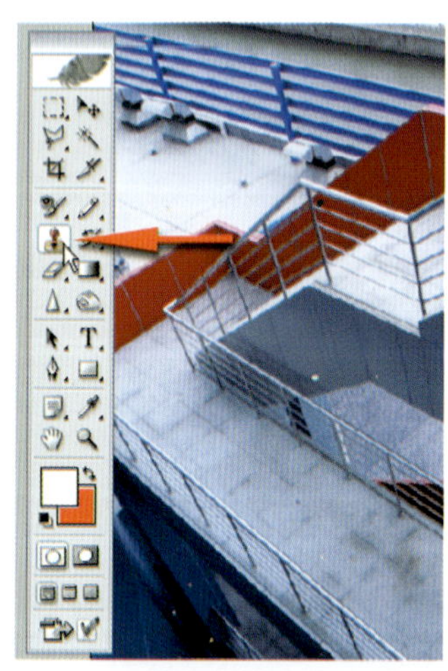
图 2-38-1

图 2-38-2

(3) 点击选项栏中“画笔”，设置“主直径”和“硬度”，这两个数值决定着“仿制图章工具”每一笔修改面积的大小和边缘的软硬度（图 2–38–3）。

(4) 在选项栏中选择“对齐”，会对像素连续取样，而不会丢失当前的取样点，即使您松开鼠标按键时也是如此。如果取消选择“对齐”，则会在每次停止并重新开始绘画时使用初始取样点中的样本像素（图 2–38–4）。

(5) 通过修饰，去掉了画面中的斑点，使照片变得干干净净（图 2–38–5）。

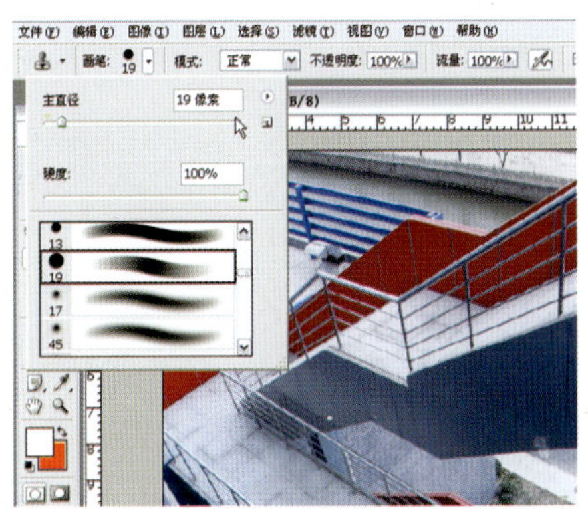

图 2–38–3

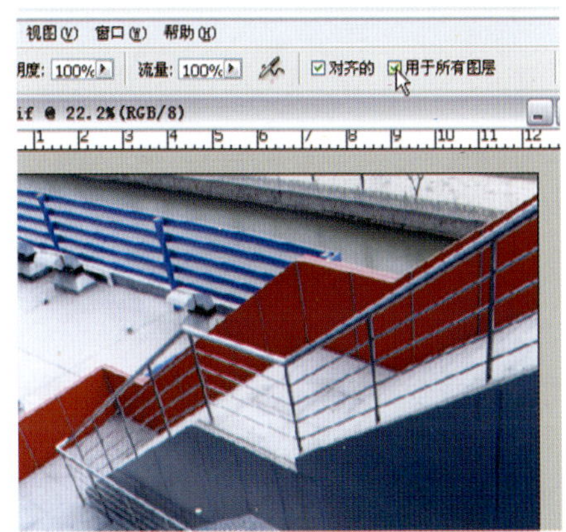

图 2–38–4

图 2–38–5

2.使用“剪贴”方式修饰与修复图像

实例 9，图 2–39，该习作拍摄的是一幅画眉鸟。由于背景中无法避让的树枝颜色比较深，所以在画面中影响到整体的效果，在影像的处理中需要除去这个树枝，可是，深色树枝所占比例较大，用“仿制图章工具”效果不一定好。像这样大面积修饰宜选用“剪贴”的方式，而且画面又具备剪贴修饰的条件，这样的处理效果会更加理想。

(1) 选用工具箱中 “套索工具”，先在背景中绿色区域建立一个不规则形状的选取框（图 2–39–1）。

(2) 打开 Photoshop 中“选择”>“羽化”对话框，也可以按快捷键 Alt + Ctrl+D 打开“羽化”对话框，这里的“羽化半径”数值可以设置稍为大一点，以便于与周围的环境自然衔接（图 2–39–2）。

(3) “羽化”以后，点按“编辑”>“拷贝”命令，也可以按快捷键 Ctrl+C 执行“拷贝”命令，复制框选区域（图 2–39–3）。

(4) 再点按“编辑”>“粘贴”命令，也可以按快捷键 Ctrl+V 执行“粘贴”命令，此时会自动建立一个新的图层。如果一次“粘贴”面积不够，可以多“粘贴”几次，直到可以盖满树枝（图 2–39–4）。

(5) 然后，将多次“粘贴”中自动生成的图层合并起来，剪去与前面物体影像重叠的部分，形成一张完整的作品（图 2–39–5）。

(6) 通过“剪贴”方式的修饰，去掉了影响画面效果的黑色树枝，使画面变得简洁而生动（图 2–39–6）。

在许多情况下，影像的修饰与修补不是用一种方法就可以解决画面出现的问题，修饰与修补的工作往往是需要多种方法结合起来使用。

图 2–39

图 2–39–1

图 2–39–2

图 2–39–3

图 2–39–4

图 2–39–5

图 2–39–6

实例 10，图 2–40，这幅习作拍摄了几个做游戏的小朋友，中间一组小朋友动态抓得不错，可是边上一个小朋友似乎与此无关，他的存在破坏了摄影表现的主题，再加上拍摄的场面过大，这样的照片采用哪一种方法都不能够处理好画面，需要综合治理。

（1）先使用工具箱中的“裁切”工具，剪去画面多余的部分。可是经过“裁切”边上的小朋友还是有一小部分留在画面上（图 2–40–1）。

（2）这时再用“工具箱”中“仿制图章工具”或者使用“剪贴”方式修饰与修复图像就容易许多（图 2–40–2）。

（3）再将色彩作适当调整，这样处理不仅使画面显得简洁生动，又使得主题更加鲜明突出（图 2–40–3）。

图 2–40

图 2–40–1

图 2–40–2

图 2–40–3

五、运用ACDSee调整构图

以上在Photoshop中对图像的画面进行的"变换"、"旋转"、"裁切"等处理，在ACDSee中同样也可以对画面进行这样的构图调整，它也具有的一些简单的图像处理能力（图2–41）。

当然，ACDSee这些处理能力远逊于Photoshop，可是ACDSee这些功能可以在查看和编排拍摄文件时同步进行一些初步的调整，对于画面作简单的处理，这对于平时的摄影创作还是非常有利的（图2–41–1）。

图 2–41

图 2–41–1

第四节　调整影像的曝光

虽然现代数码照相机自动化的程度很高，不论是拍摄的快门速度还是曝光，都已经是由照相机自身的电子系统根据内测光提供的数据进行优化的数值来控制。可是，影响曝光的因素非常多，照相机自身的电子系统常常会受到各种因素的干扰，所以，在拍摄练习中还是会经常出现曝光方面的问题。在数码影像后期处理中调整好影像的曝光是非常重要的，他会直接影响到作品的影像质量。

摄影中曝光不正确，即曝光不足或者曝光过度，会使影像或发暗或发白，既没有色彩也没有层次，这就需要在后期的处理中对照片曝光进行调整。下面就分别介绍如何在Photoshop中来解决这些影像的曝光问题。

在Photoshop中用于明暗调整的常用工具是"色阶"、"曲线"、"色相／饱和度"等命令，这些都是较为理想的调整曝光工具。

下面通过一些实例，针对具体的问题，来具体讲解如何对这些影像的曝光问题进行调整。

一 、调整发暗的影像

很多摄影初学者在拍摄中总会遇到照片灰暗的问题。灰暗的影像其实分成两类，一是影像偏暗，另一种是影像偏灰，这些主要是因为照片曝光不足的缘故。出现这些问题可以使用Photoshop 中“色阶”和“曲线”命令，对照片色彩进行调整。

实例1，图2–42，该作业拍摄的是篱笆和花，篱笆的白颜色已经变成深灰色，使照片整体发黑，所以必须要让照片亮起来。调整这种类型的照片，先介绍怎样选用“色阶”命令调节图像的亮度。

“色阶”对话框使您可以通过调整图像的暗调、中间调和高光等强度级别，校正图像的色调范围和色彩平衡。“色阶”直方图用作调整图像基本色调的直观参考（图2–42–1）。

“色阶”对话框　A. 应用自动颜色校正　B.打开“自动颜色校正选项”对话框　C.暗调　D.中间调　E.高光　F.设置黑场　G.设置灰场　H.设置白场

（1）选择Photoshop 菜单中“图像”>“调整”>“色阶”命令，弹出“色阶”对话框。在调整中可以直接选择菜单命令，也可以按快捷键Ctrl＋L，弹出“色阶”对话框（图2–42–2）。

（2）从“色阶”的直方图“输入色阶”的峰值柱状图上可以看出，这张照片的像素主要都集中到了左侧暗调的地方，显然曝光存在问题（图2–42–3）。

（3）将色阶直方图“输入色阶”右侧的白场滑块向左侧移动，调整出照片高光部分像素（图2–42–4）。

（4）然后，点击对话框右上角的“好”或者按 Enter 键，就可以确定完成这项操作。调整以后看到照片已经变亮，而且变得更加清晰，这样的照片看起来就富有层次感和表现力（图2–42–5）。

图2–42

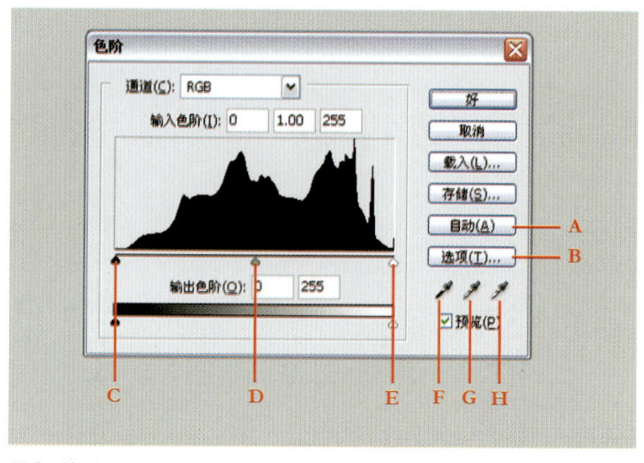

图2–42–1

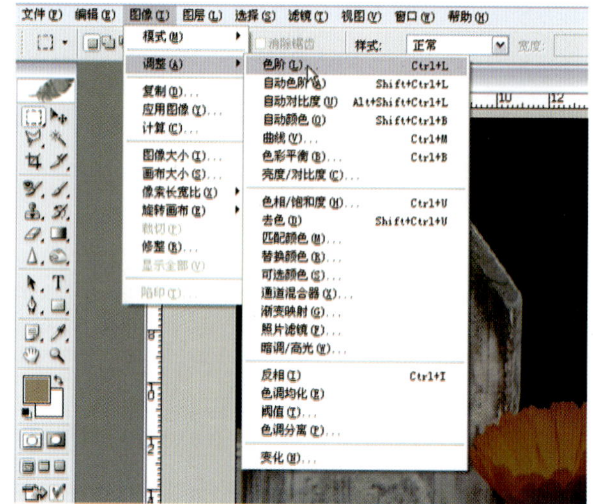

图2–42–2

图2–42–3

图2–42–4

图 2–42–5

二、调整发灰的影像

在阴天很容易拍出颜色灰暗的照片，这样的照片虽然影像没有变黑，可是，同样是既没有色彩也没有层次，拍摄的景象全都黯淡无光让人看来很郁闷。这个问题在Photoshop 中选用“曲线”命令解决起来也是比较方便的。

运用“曲线”命令，可以在图像的整个色调范围（从暗调到高光）内最多调整 14 个不同的点，而不是只使用三个调整功能（白场、黑场、灰度系数），也可以使用“曲线”对图像中的个别颜色通道进行精确的调整（图 2–43）。

“曲线”对话框：A. 高光 B. 中间调 C. 暗调 D. 通过添加点来调整曲线 E. 用铅笔绘制曲线 F. 设置黑场 G. 设置灰场 H. 设置白场

在“曲线”对话框中更改曲线的形状可改变图像的影调和颜色。将曲线向上弯曲会使图像变亮，将曲线向下弯曲会使图像变暗。曲线上比较陡直的部分代表图像对比度较高的部分。相反，曲线上比较平缓的部分代表图像对比度较低的区域。

实例 2，图 2–44，该习作就是在阴天拍摄的海滩，构图方面处理得比较有趣，抓住了海浪优美的曲线。可是曝光的问题使这件习作黯然失色。解决这个问题同样可以使用“色阶”和“曲线”命令进行调整，这里介绍如何使用“曲线”命令。

（1）点击“图像”>“调整”>“曲线”命令，或者按快捷键 Ctyrl + M 打开“曲线”命令（图 2–44–1）。

（2）弹出“曲线”对话框，在影像的调整中，可以先用鼠标单击“自动”按钮，进行自动调节照片的明暗关系，在自动调节后根据需要再做进一步调整。

在运用“曲线”调整图像时还可以给曲线添加点。默认情况下，向左或向上移动点会增加色调值，向右或向下移动点会减小色调值。使高光变亮以及使暗调变暗由 S 曲线表示，此时图像的对比度增加（图 2–44–2）。

（3）由于这张照片是阴天拍摄的，又选用的是“曲线”命令中的“自动”调节功能，很可能对调整后颜色的效果还是不太满意。如果这样，再选择菜单“图像”>“调整”>“色相／饱和度”和“色彩平衡”命令，对色彩进行调整（具体操作方法下一章详述，图 2–44–3）。

（4）调整后的照片，使得灰蒙蒙的画面层次丰富起来，整个影像也变得生动了，画面的色彩关系显得更加漂亮（图 2–44–4）。

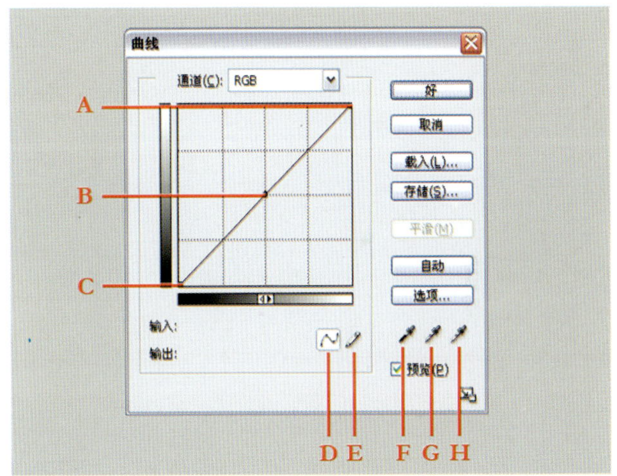

图 2–43

图 2–44

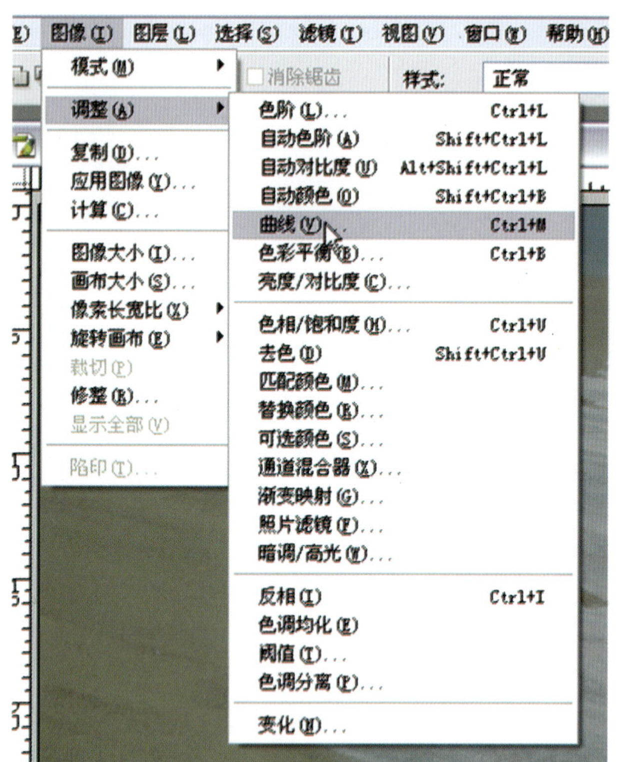

图 2–44–1

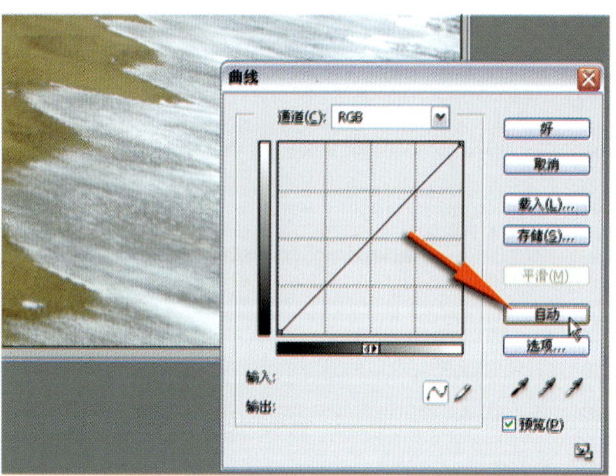

图 2–44–2

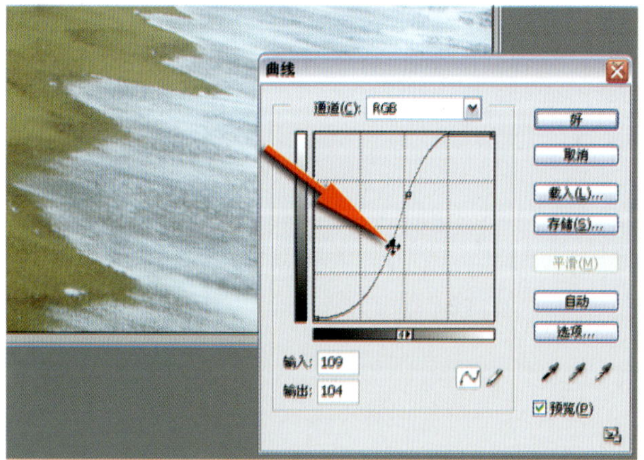

图 2–44–3

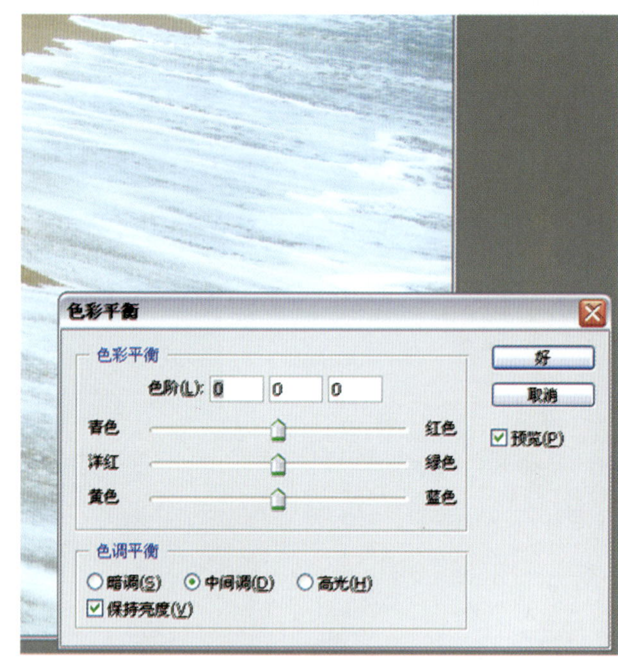

图 2–44–4

三、调整曝光过度的影像

曝光过度的照片通常是在强烈的阳光下拍照时发生，修正曝光过度的照片比较麻烦。由于曝光过度，画面出现成片的白色，由于信号损失的比较多，给修复带来了一定的困难，有些信号损失太多的照片就很难再修复，只能够做一些弥补。

实例3，图2–45，这张习作拍摄的是阳光下的一条旧船。拍摄的主题和构图都处理得非常有意思，破旧的船帮给人以许多遐想，可是由于曝光过度，画面中出现了大量的白色，这样就大大减弱了作品的震撼力。在Photoshop中可以用"色相/饱和度"命令来调节这种曝光过度的照片。

（1）打开"图层"调板，用鼠标单击"背景"图层，创建一个"背景 副本"图层。创建方法可以将"背景"图层拖拽到图层跳板下方的"创建新图层"上创建"背景 副本"；也可以"图层"调板上点按右键，会出现一个对话框，再点击"复制图层"来创建"背景 副本"（图 2–45–1）。

（2）在"图层"调板中，用鼠标点击"背景 副本"图层，然后使用"图像" ＞ "调整" ＞ "色相／饱和度"将图像"饱和度"参数设置为－60左右（图 2–45–2）。

（3）单击"图层"调板，将"背景 副本"图层的混合模式改为"正片叠底"（图 2–45–3）。

（4）在"图层"调板中将不透明度数值设置为20%–60%之间。当然，这个数值是一个通常值而不是绝对值，要根据影像的质量来决定这个数值的最终大小（图 2–45–4）。

（5）调整完毕后，可以发现船帮的细节增加许多，影像效果明显改善（图 2–45–5）。

图 2–45

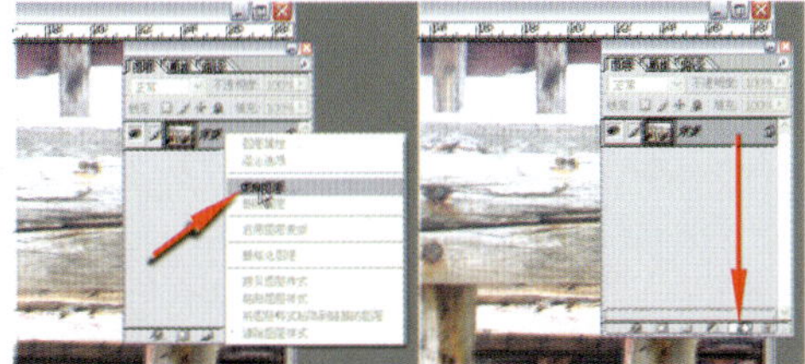

图 2–45–1

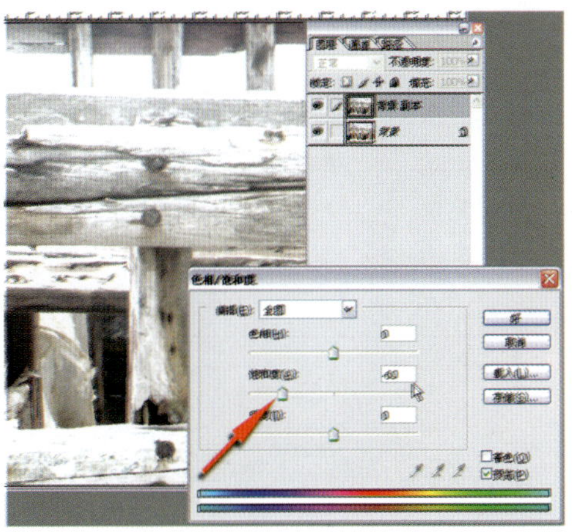

图 2–45–2

图 2–45–3

图 2–45–4

图 2–45–5

四、调整高反差的影像

修复高反差的照片也是影像处理中常会遇到的问题。高反差是一个比较棘手的问题，拍摄风景照片时，强烈的阳光、逆光摄影就容易造成这样的现象。

实例4，图2–46，这张习作表现了阳光下两个在辛勤劳作的惠安女，由于光源从主体的背面直射过来，强烈的照度级差，将主体的细节特点淹没到阴影中，使两个惠安女几乎成了剪影，这样的结果就影响到了创作的质量。只有利用Photoshop来调节照片高反差的问题。

（1）打开“图像”>“调整”中的“暗调/高光”命令，这项命令可以较好地解决调整照片高反差的问题（图2–46–1）。

（2）这时Photoshop会自动使用“暗调/高光”中的各项命令将照片的暗补调整好，如果对一些细节的地方不满意的话，可根据画面和创作的需要进行调节（图2–46–2）。

（3）如果对一些细节进行调节，可以点击“显示其他选项”复选栏，这样就会显示扩展选项栏了，拖移各选项的滑块对画面进行进一步的微调，从而使画面获得理想的效果（图2–46–3）。

（4）通过进一步的调整，画面细节和层次都体现出来，就连正面惠安女的面部表情也调出来了，这样就使习作的艺术表现力也增强了（图 2–46–4）。

这种方法还适用于去除照片中的强烈的阴影以及缺乏细节的照片增加更多的层次。

图 2–46

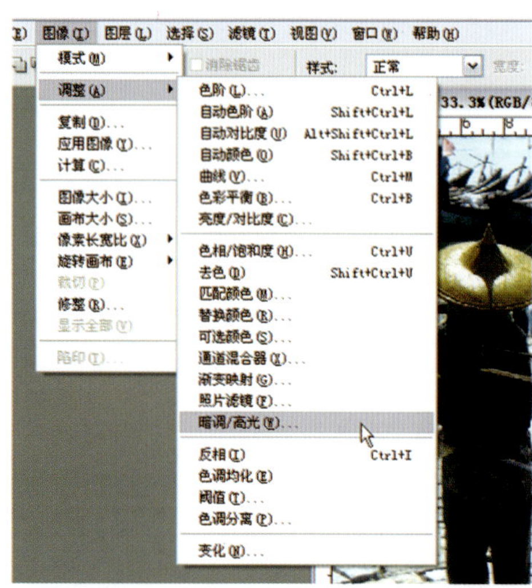

图 2–46–1

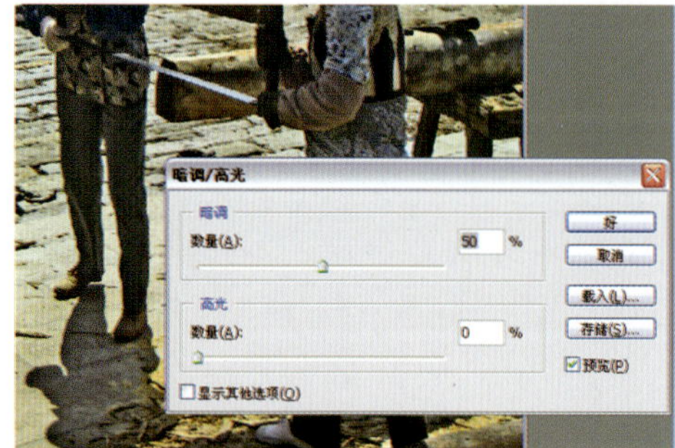

图 2–46–2

图 2–46–3

图 2–46–4

五、运用 ACDSee 调整影像曝光

ACDSee 虽然是图像浏览软件，它也具有对影像曝光调整的能力，它的调整命令在"更改">"曝光"的命令中（图2–47）。

图 2–47

ACDSee 对曝光的调整与 Photoshop 非常相似，也是采用"亮度"、"色阶"、"曲线"以及"自动"的调节方式，虽然对话框的界面有点区别，但调整效果却没有什么区别（图2—48）。

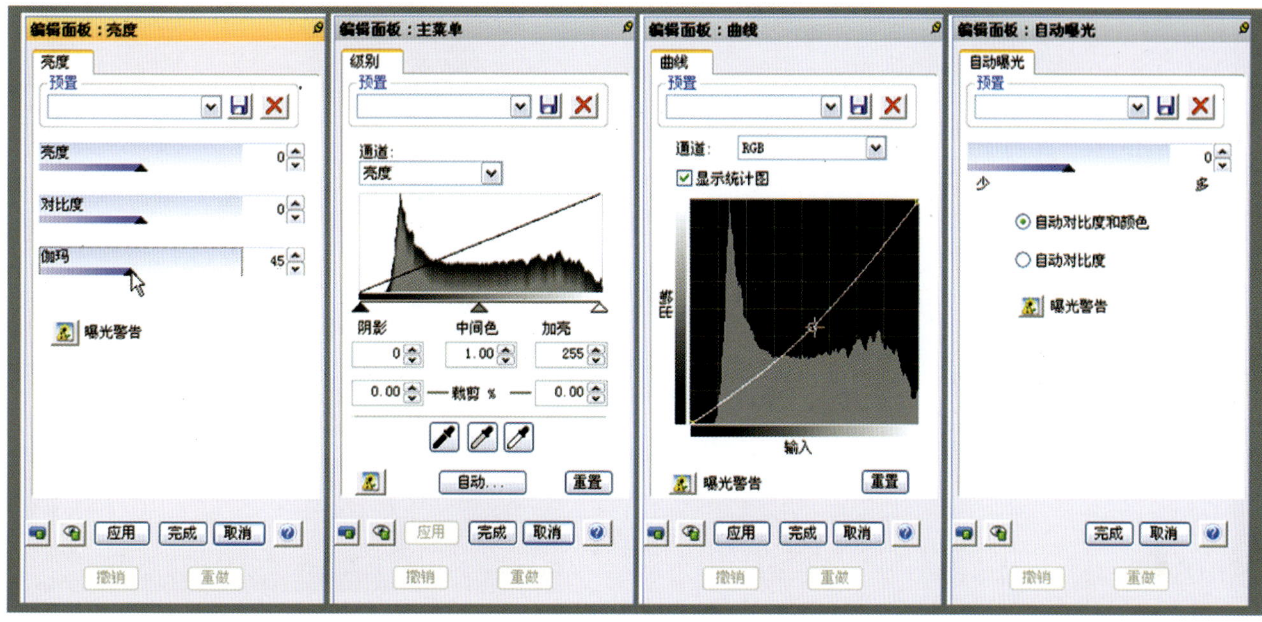

图 2—48

第五节 调整照片的色彩和色调

一、调整颜色和色调之前的考虑事项

Photoshop 中功能强大的工具可增强、修复和校正图像中的颜色和色调。在调整颜色和色调之前，需要考虑下面一些事项。

（1）使用经过校准和配置的显示器。这样可以确保编辑和处理图像时使颜色在整个工作流程中，在显示器上看到的图像将与最终结果能够保持一致，这是绝对必需的。

（2）当您调整图像的颜色或色调时，某些图像信息会被扔掉。在考虑应用于图像的校正量时最好要谨慎，为了尽可能多地保留图像数据，最好使用每个通道 16 位的图像，而不使用每个通道 8 位的图像。Photoshop CS 已经改进了对 16 位图像的支持。

（3）在调整图像的颜色或色调时先复制或拷贝一个图像文件，以便保留原件，以防万一调整处理失败，还可以使用原始状态的图像再拷贝后重新进行工作。

（4）最好使用调整图层来调整图像的色彩和色调范围，而不是对图像的图层本身直接应用调整。虽然使用调整图层会增加图像的文件大小，但这样可以返回并且进行连续的色调调整，而无须扔掉图像图层中的数据。

（5）在调整颜色和色调之前，先要除去图像中的任何缺陷，例如：尘斑、污点和划痕等。

（6）要养成在扩展视图中打开"信息"或"直方图"调板的习惯。当对图像进行评估和校正时，这两个调板上都会针对调整显示重要的反馈信息，这些反馈非常有用，例如，如果参考颜色值，则有助于中和色痕，或者可提示您颜色是否饱和。

二、调整照片的色彩

Photoshop 色彩调整工具与调整明暗的工具是一样的，还是以"图像"下的"调整"命令为主，这是因为 Photoshop"调整"工具的工作方式是将现有范围的像素值映射到新范围的像素值。这些工具的差异表现在所提供的控制数量上，所以 Photoshop 对于影像的调整，体现出一种十分灵活和十分广泛的应用能力。

下面来具体讲解如何运用不同的"调整"命令对影像色彩进行调整。

一张照片有时候因为色偏而毁掉，色偏可能发生在摄影创作过程的任何阶段。下面我们就通过一些实例，针对具体的问题，介绍三种：利用"曲线"命令；"色彩平衡"命令；"色阶"命令校正色偏的方法。其实，影像色彩调整的方法不只是这三个，但它们却是最方便、最快捷和最精确的方法。

1.使用“色阶”调整颜色

实例1，图2-49，这幅习作拍摄的是一幅睡莲，由于曝光失误使整个影像的色彩出现严重偏差，毫无艺术性可言。下面就使用“色阶”调整图像的色彩平衡。

（1）分析图片。在工具箱中选择“吸管”工具，我们选择3个本应为黑白灰场的地方查看R、G、B的值。在RGB图像中，指定相等的红色、绿色和蓝色值以产生中性灰色，所以，R、G、B的值应该为R＝G＝B。该图片中可以看出R的值大于G、B的值；从直方图中也可以看出像素明显偏向于暗调区域。有了这些数据，就知道问题出在那里，如何去纠正图像中的问题心中就有数了（图2-49-1）。

在Photoshop中执行下列操作就可以矫正偏色。

（2）在图像中我们设定“取样点”，也就是灰颜色为灰场，得到相关数据后开始进行色彩调整。先点击“图层”>“新调整图层”>“色阶”命令（图2-49-2）。

（3）此时，会自动弹出一个“新建图层”的对话框，然后点击对话框中右上方“好”即可（图2-49-3）。

（4）在“色阶”对话框中点按两次“设置灰场”吸管工具，以显示Adobe拾色器，输入要给中性灰色指定的颜色值，然后点按“好”，然后点按图像中的颜色取样器（图2-49-4）。

（5）点按“色阶”对话框中的“选项”。点按“中间调”色板，以显示Adobe拾色器。输入要给中性灰色指定的颜色值，然后点按“好”。此方法有一个好处，那就是可以显示指定值的预览效果（图2-49-5）。

图2-49

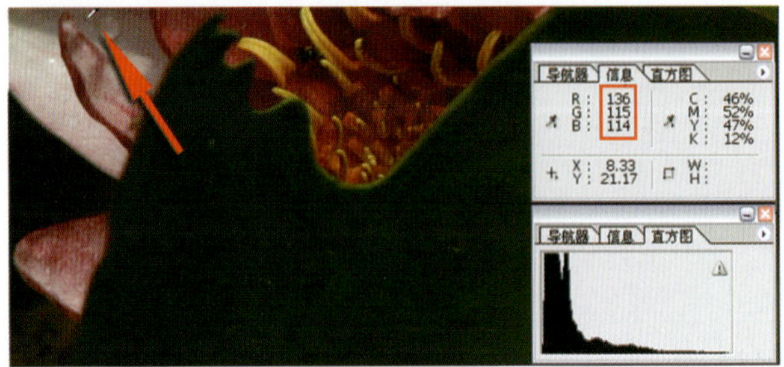

图2-49-1

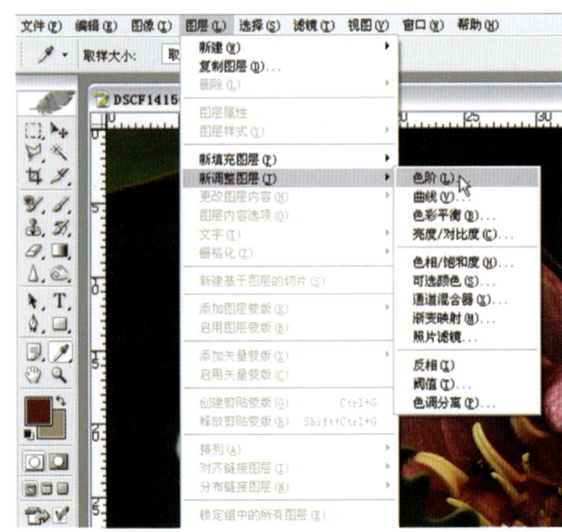

图2-49-2

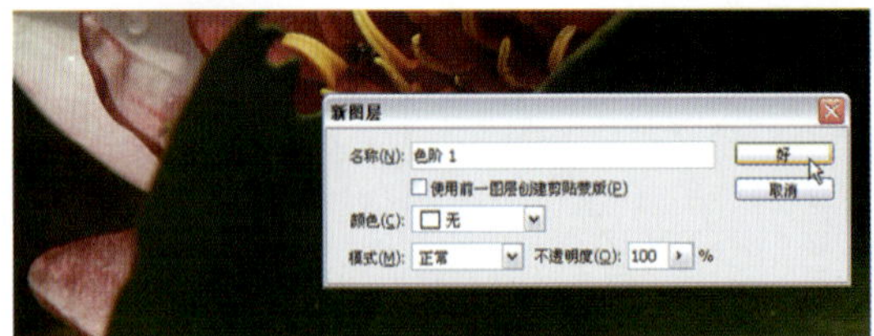

图2-49-3

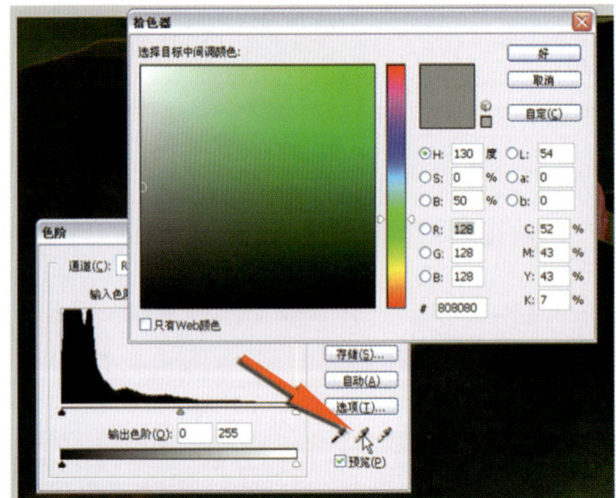

图2-49-4

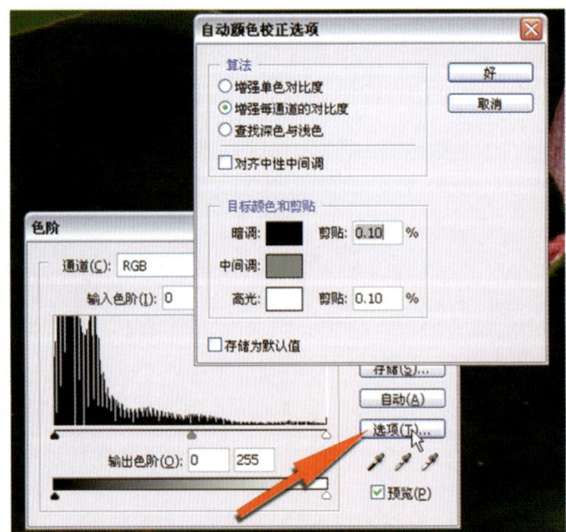

图2-49-5

（6）使用"色阶"命令调整图像的色彩平衡，也可以直接调节"色阶"对话框中直方图下面的滑块矫正偏色，这是一种快捷的方式。同样是先点击"图像">"调整">"色阶"命令，打开"色阶"对话框（图2–49–6）。

（7）直接调节对话框中直方图下面的滑块，在移动滑块时，向左会使图像变亮，向右会使图像变暗。此方法操作的效果要靠操作者根据图像预览效果的变化来判断，因此需要有一定的经验积累（图2–49–7）。

（8）调整好影像的色彩关系，整个画面效果也就显得正常了。可是作为摄影艺术对于色彩的要求不仅仅是再现自然，而是根据创作的需要，运用色彩的力量来烘托主题。这幅习作拍摄的是花卉，所以颜色艳丽一点会更具有感染力（图2–49–8）。

选取"图像">"调整">"色相/饱和度"命令，就可以使画面的色彩鲜艳起来。

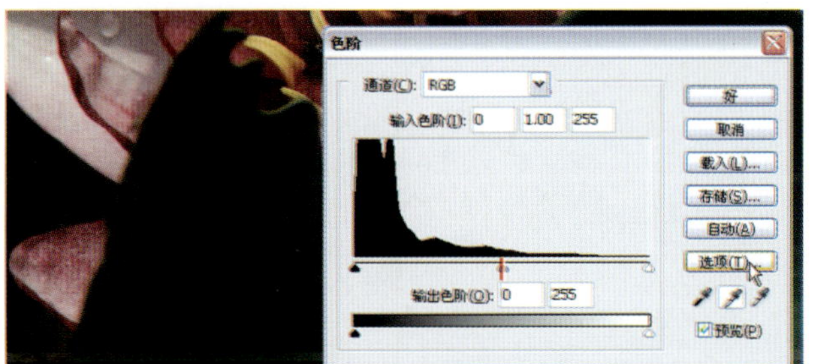

图 2–49–6

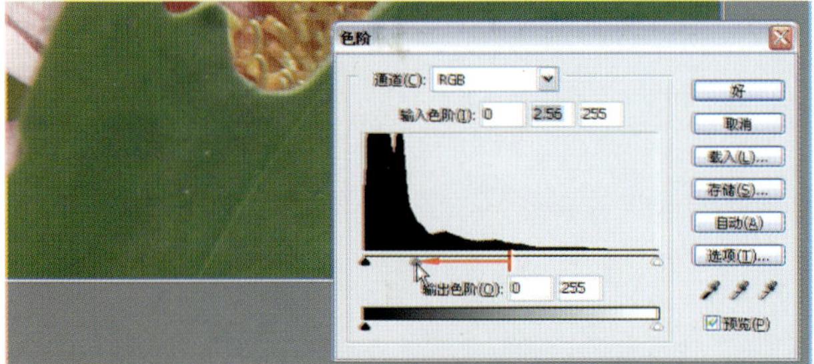

图 2–49–7

图 2–49–8

2.用"曲线"调整颜色和色调

实例2，图2–50，这幅习作拍摄的是爬满藤蔓的废弃火车，构图处理与表达主题都比较到位，可是色彩明显存在着偏色的问题，削弱了艺术表现力。

图 2–50

（1）分析图片。用"吸管"工具查看图像中按阶调分为黑白灰的地方，从直方图中也可以看出画面有些偏暗，而信息板中也显示B的颜色值偏小，所以需要调节影像中的红、绿色的值，来使图像的色彩达到平衡（图2–50–1）。

（2）点击Photoshop 菜单"图像">"调整">"曲线"命令，打开"曲线"对话框（图2–50–2）。

（3）开始用"曲线"命令调整影像的色彩。调整曲线的形状可以通过下列方式来进行：

a.点按某个点，拖移曲线，直到得到所需外观的图像。

在"曲线"对话框的默认状态下，移动曲线顶部的点主要是调整高光；移动曲线中间的点主要是调整中间调；移动曲线底部的点主要是调整暗调。具体地说就是如果希望使暗调变亮，则可以向上移动靠近曲线底部的点，而且，如果您希望使高光变暗，则可以向下移动靠近曲线顶部的点（图2–50–3）。

b.点按曲线上的某个点，然后在"输入"和"输出"文本框中输入值（图2–50–4）。

c.选择"曲线"对话框底部的铅笔，然后拖移铅笔，以绘制新的曲线。绘制曲线的效果与点按某个点，拖移曲线变化一样。

按住 Shift 键可以将曲线约束为直线，然后根据调整需要定义端点，完成后，如果想使曲线平滑，请点按"平滑"（图2–50–5）。

（4）可选“曲线”命令来调整某一个颜色通道或多个通道。在“曲线”对话框上方就可以选择需要修改的颜色的通道来调整图像的色彩平衡。通常，在对大多数图像进行色调和色彩校正时只需进行较小的曲线调整（图2–50–6）。

（5）通过调整，可以发现影像的感染力得到加强（图2–50–7）。

图2–50–1

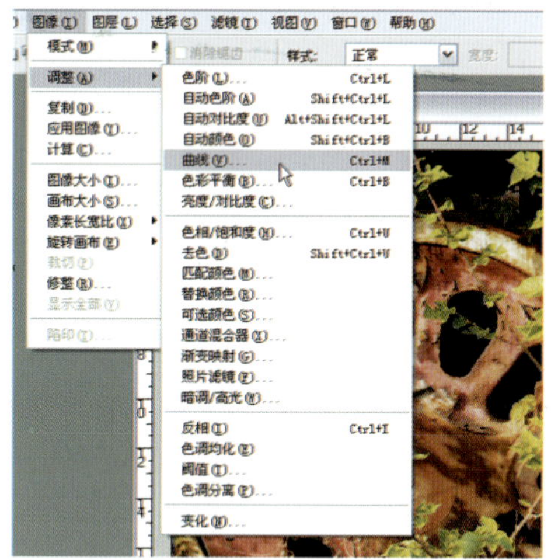

图2–50–2

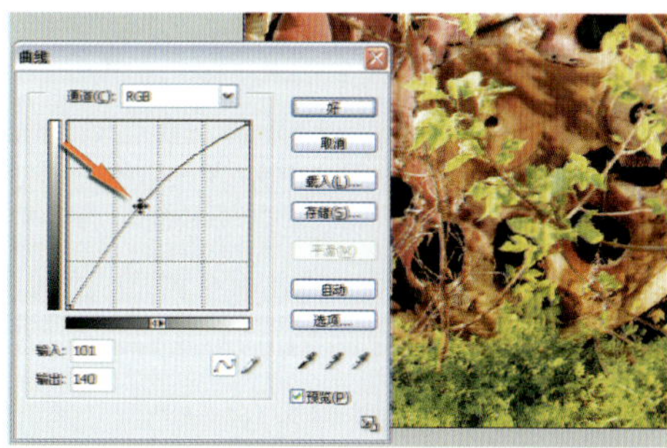

图2–50–3

图2–50–4

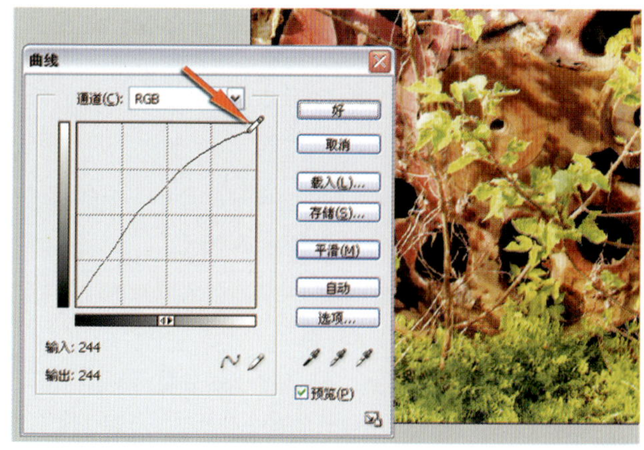

图2–50–5

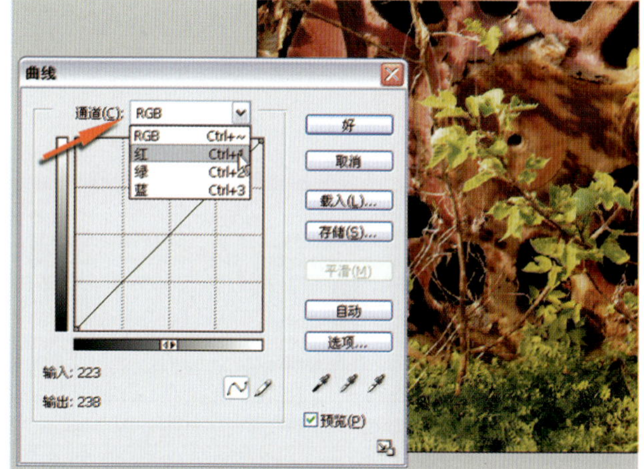

图2–50–6

图2–50–7

3.使用“色彩平衡”命令调整颜色

实例3，图2–51使用“色彩平衡”命令调整颜色，这种方式是更改图像的总体颜色的混合来调整颜色。“色彩平衡”命令比较适合运用于那些曝光基本正确，只是色彩不符合创作理想的照片。这幅习作拍摄的是墙边的野菊花，总体上看似乎还不错，曝光基本正确，可是色彩看上去有点不舒服，选用“色彩平衡”命令调整这幅照片是非常适合的。

（1）分析图片。通过“吸管”工具得到直方图信息可以看出像素分布左右基本平衡，说明曝光基本正确；而信息板中所显示R、B的颜色值明显大于G的数值，所以画面的色彩偏紫，需要调节G的颜色值来使图像的色彩达到平衡（图2–51–1）。

（2）打开“色彩平衡”命令有下列操作方式：

·点击Photoshop 菜单“图像”>“调整”>“色彩平衡”命令。

·点击菜单“图层”>“新调整图层”>“色彩平衡”，在“新建图层”对话框中点按“好”。

·按快捷键Ctrl＋B打开“色彩平衡”对话框（图2–51–2）。

（3）使用“色彩平衡”命令，先要确定在“通道”调板中选择了复合通道；然后选择“暗调”、“中间调”或“高光”，要着重更改的色调范围，数值范围可以从 –100 到+100，最后，将滑块拖向要在图像中增加的颜色或是反方向将要减少图像中的颜色。在调整中要选择“保持亮度”以防止图像的亮度值随颜色的更改而改变（图2–51–3）。

（4）通过调整，色彩偏差得到纠正，提高了画面的艺术效果（图2–51–4）。

图2–51

图2–51–1

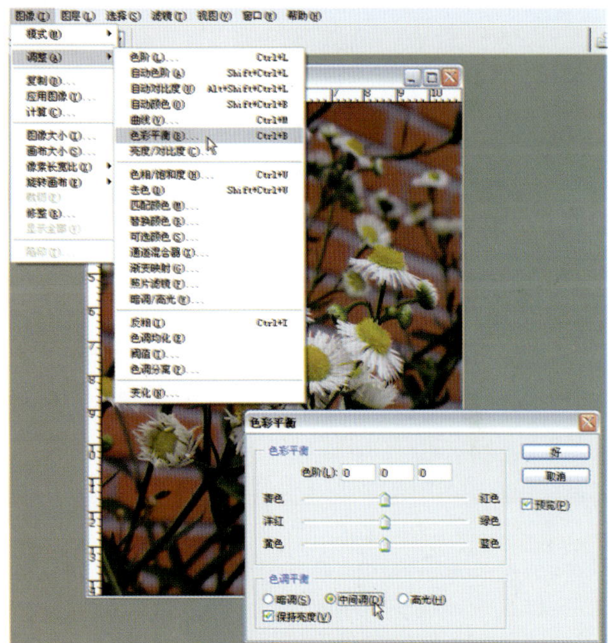

图2–51–2

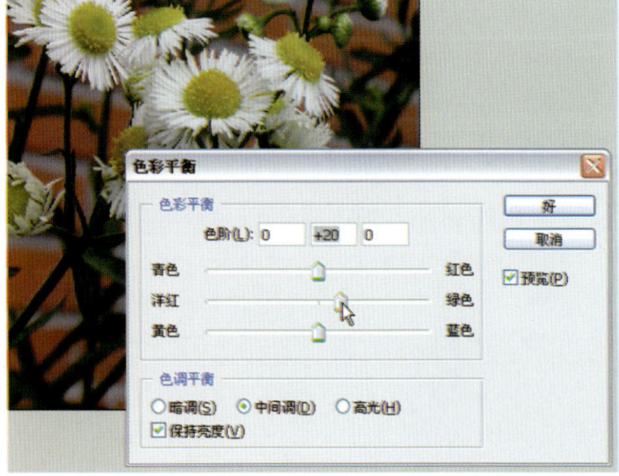

图2–51–3

图2–51–4

4.使用“色相／饱和度”命令调整颜色

调整照片的颜色往往不只是还原到色彩的本来面貌就可以的，在摄影艺术创作中色彩的艳丽或晦暗，有时对表现和烘托主题起到至关重要的作用。所以，在影像的色彩调整中“色相／饱和度”命令也是经常要用到的。

实例4，图2–52，这是一幅拍摄秋天里树叶的习作，从拍摄角度的选择和构图的处理以及曝光等，各方面的表现基本上都不错，可是习作让人看上去显得那么平淡无味。调整这种色彩平淡的照片就可以运用“色相／饱和度”命令。

(1) 使用“色相/饱和度”命令可以从下列操作中打开：

·点击Photoshop 菜单“图像”>“调整”>“色相/饱和度”命令。

·点击菜单“图层”>“新调整图层”>“色相／饱和度”，在“新建图层”对话框中点按“好”。

·按快捷键Ctrl＋U也可以打开“色相／饱和度”对话框（图2–52–1）。

使用“色相／饱和度”命令可以调整图像中特定颜色分量的色相、饱和度和亮度，或者同时调整图像中的所有颜色。

在对话框中显示有两个颜色条，它们以各自的顺序表示色轮中的颜色，上面的颜色条显示调整前的颜色，下面的颜色条显示调整如何以全饱和状态影响所有色相(图2–52–2)。

图2–52

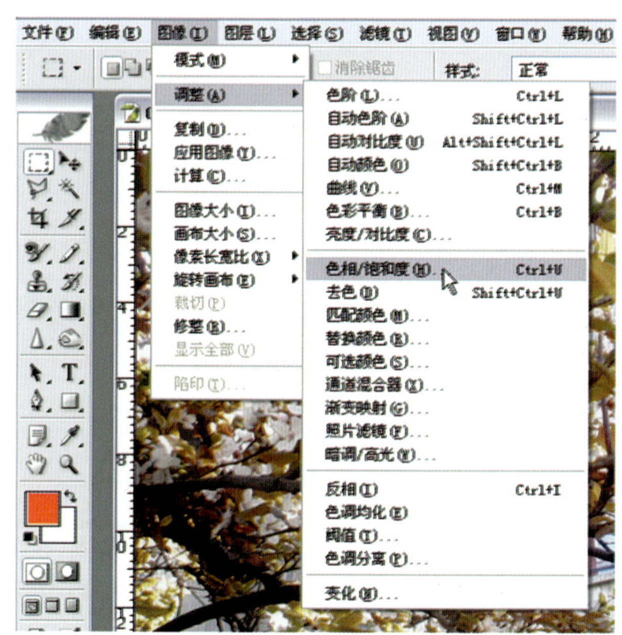

图2–52–1

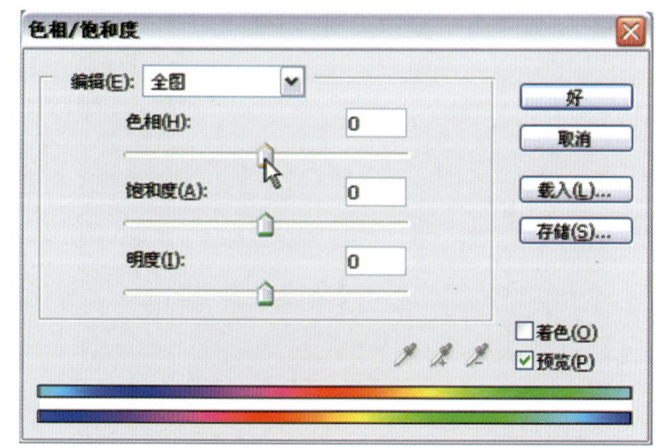

图2–52–2

（2）分析图片：从直方图与信息导板反映的数值来看，问题不在拍摄中技术的运用，而主要是画面色彩的色相与明度都比较接近，致使画面色彩趋于平淡。那么，选用“色相／饱和度”命令来调整这张照片的色彩是正确的（图2–52–3）。

（3）下面就可以开始运用“色相／饱和度”命令来调整图像中的颜色，在调整中可以分别对几个部分进行调整：

a.使用“编辑”弹出菜单选取要调整的颜色，可以选取“全图”可以一次调整所有颜色，也可以为要调整的颜色选取列出的其他一个预设颜色范围（图2–52–4）。

b.调整“色相”，可以输入一个值，也可以拖移滑块，这样会改变影像物体的色相。通常在色彩调整中，根据创作意图直至出现需要的颜色即可（图2–52–5）。

c.调整“饱和度”，可以输入一个值，也可以将滑块向右拖移增加饱和度，向左拖移减少饱和度（图2–52–6）。

d.调整“亮度”，可以输入一个值，也可以向右拖移滑块以增加亮度直至白色；或向左拖移以降低亮度直至黑色（图2–52–7）。

（4）通过调整，影像的色彩饱和度增加后，色彩的冲击力加强了，提高了画面的艺术感染力（图2–52–8）。

图2–52–3

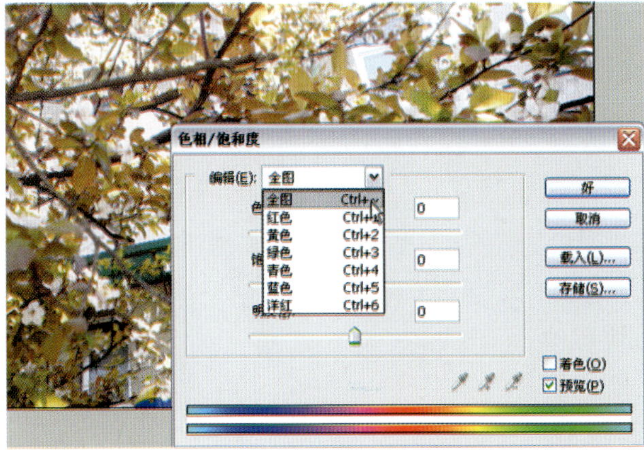

图2–52–4

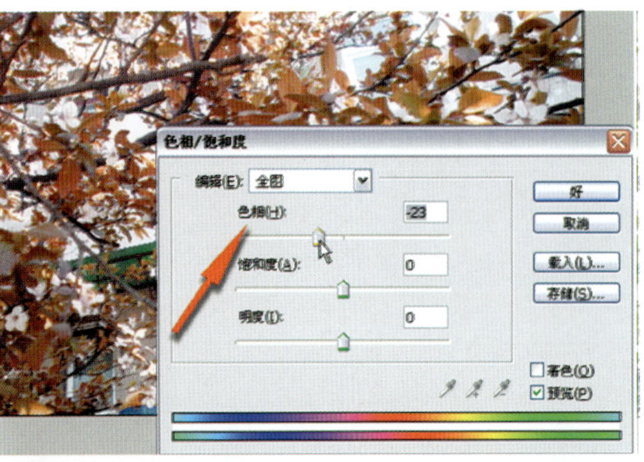

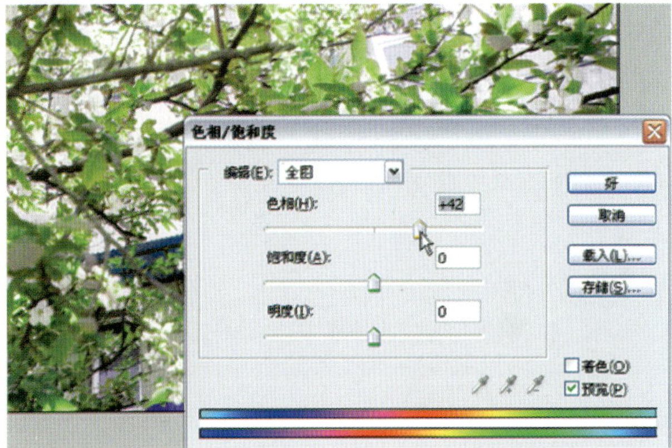

图2–52–5

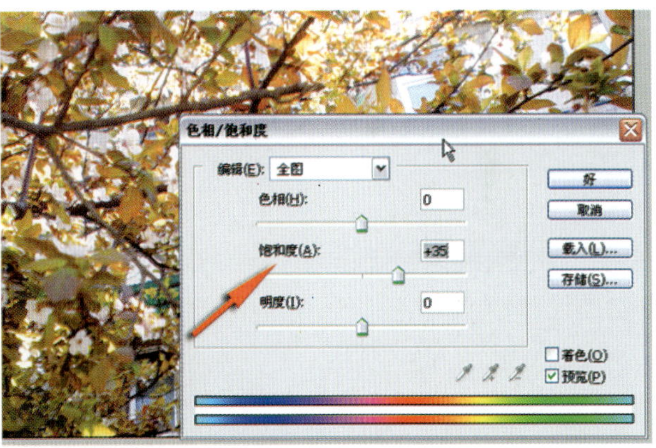

图2–52–6

图2–52–7

图 2—52—8

5.快速调整颜色

运用Photoshop调整影像，在"图像">"调整"命令中，有一些自动调整命令，如"自动颜色"、"自动对比度"和"自动色阶"，点按这些"自动"命令，计算机会根据设置自行校正影像（图 2—53）。

在"曲线"和"色阶"命令中也设有自动调整功能，只要点按"曲线"和"色阶"对话框中"自动"命令就会自动校正颜色（图 2—53—1、图 2—53—2）。

这些"自动"的选项操作简单快捷，特别是给初学者影像调整带来了方便。可是这种"自动"选项由于受到指定设置限制，而摄影影像出现问题的具体情况又非常复杂，因此，这些"自动"调整选项纠偏的准确性往往不是很高，要慎用。

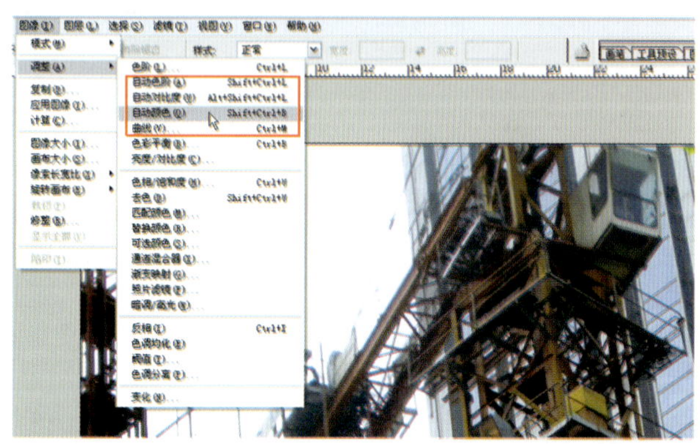
图 2—53

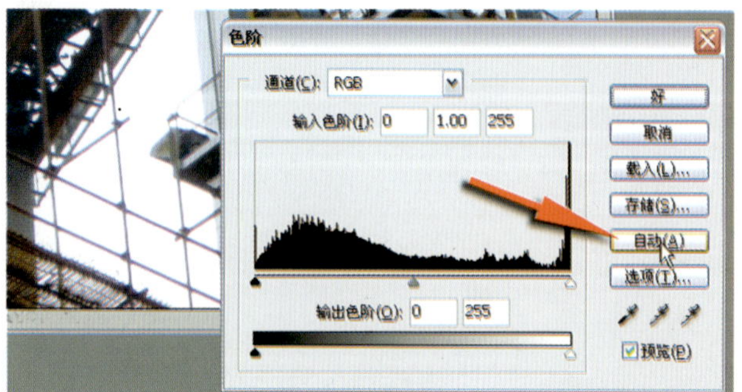

图 2—53—1

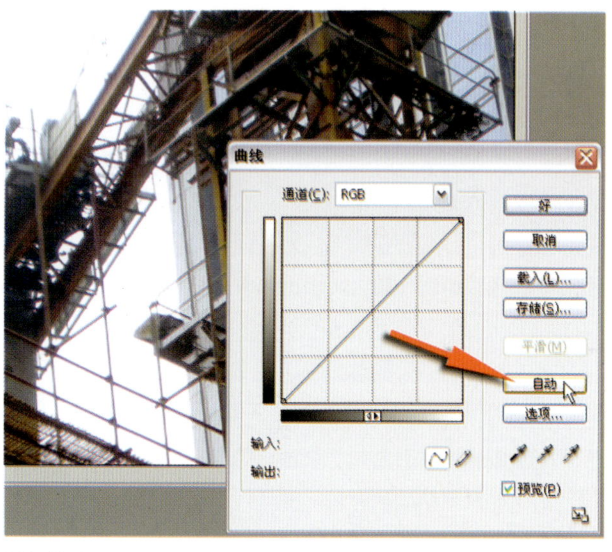

图 2—53—2

三、调整照片的色调

营造色调是摄影艺术创作中常用的手法，特定的色调对表现和烘托主题有的时候会起着至关重要的作用。以上Photoshop色彩调整命令都可以对影像进行色调的调整，大家在平时的练习中多加注意就可以掌握，在此就不再作介绍。下面主要介绍Photoshop中另一个主要是营造色调的命令—"照片滤镜"命令。"照片滤镜"命令模仿以下方法：在相机镜头前面加彩色滤镜，以便调整通过照相机镜头传输的光的色彩平衡和色温从而形成某种色调。"照片滤镜"命令还允许您选择预设的颜色，以便对图像应用色相调整。如果希望应用自定颜色调整，就可以使用拾色器来指定颜色。

实例1，图 2—54，这是一幅拍摄小苗的习作，嫩嫩的小苗刚刚破土而出。真实的场景颜色并不能够表现创作的主体需要。该作业应当围绕着主体物，红色的小苗营造成暖色调，充分体现出生机勃勃的氛围。

图 2—54

（1）点击Photoshop 菜单“图像”>“调整”>“照片滤镜”命令更改色彩平衡（图2—54—1）。

（2）要改变画面的色彩平衡，可以通过下列操作方式：

a.选取滤镜颜色，从“滤镜”菜单中选取预设颜色，如：暖调滤镜(81)和冷调滤镜(82)等等（图2—54—2）。

b.自定义颜色，就点按“照片滤镜”中的选色块，并使用拾色器为自定颜色滤镜指定颜色（图2—54—3）。

（3）要调整应用于图像的颜色数量，请使用“浓度”滑块或者在“浓度”复选框中输入百分比。“浓度”越大，应用的颜色调整越大（图2—54—4）。

（4）如果您不希望通过添加颜色滤镜来使图像变暗，请确保选中了“保留亮度”选项（图2—54—5）。

（5）通过调整，使画面产生浓浓暖意。再将色彩的饱和度适当提高，使小苗显得嫩艳欲滴，这样整个作品充分地运用色彩的力量，使主题鲜明而更富感染力（图2—54—6）。

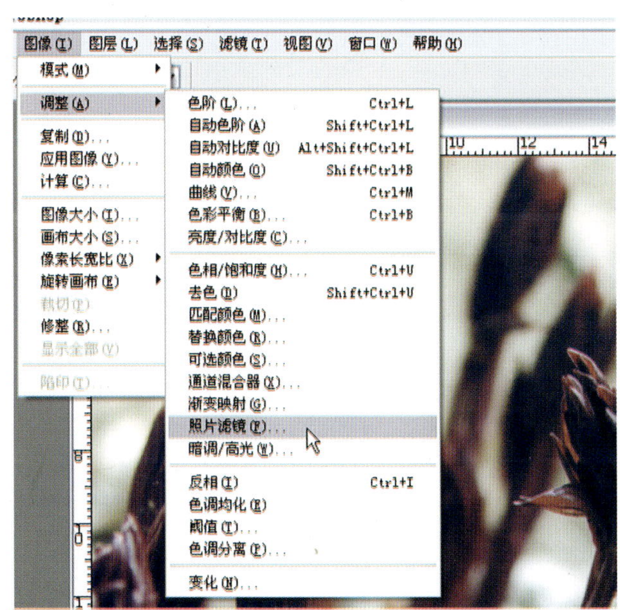

图2—54—1

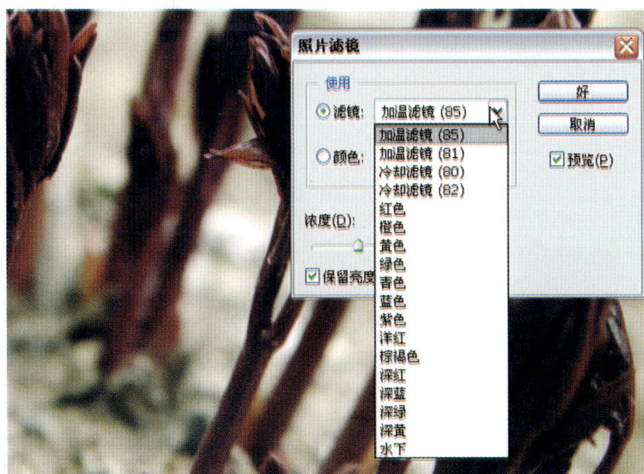

图2—54—2

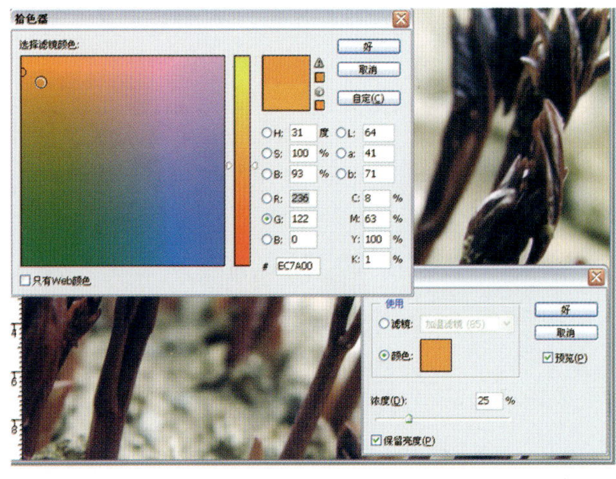

图2—54—3

图2—54—4

图2—54—5

图2—54—6

四、运用 ACDSee 调整色彩

在 ACDSee 中调整影像的色彩还是比较方便的，虽然它的图像色彩处理能力简单一些，还是非常有利于平时的摄影创作的。ACDSee 的色彩调整是在菜单的“更改”>“颜色”命令中进行（图 2–55）。

ACDSee“颜色”命令中包含：“自动”、“色偏”、“HSL”、“RGB”这几种模式。在“预览栏”里就可以看到色彩调节的效果（图 2–56）。

ACDSee“颜色”命令不仅可以调整影像的色彩，也可以调节影像的色调。正是由于ACDSee处理功能的简单性，将这两种功能结合在一起，但在实际的运用中并无妨碍。从下面的两张图中就可以看出，同样使用的是“颜色”菜单中的命令，左图使用的“HSL”命令，右图使用的“RGB”命令，可是完全改变了影像的色调（图 2–57）。

图 2–55

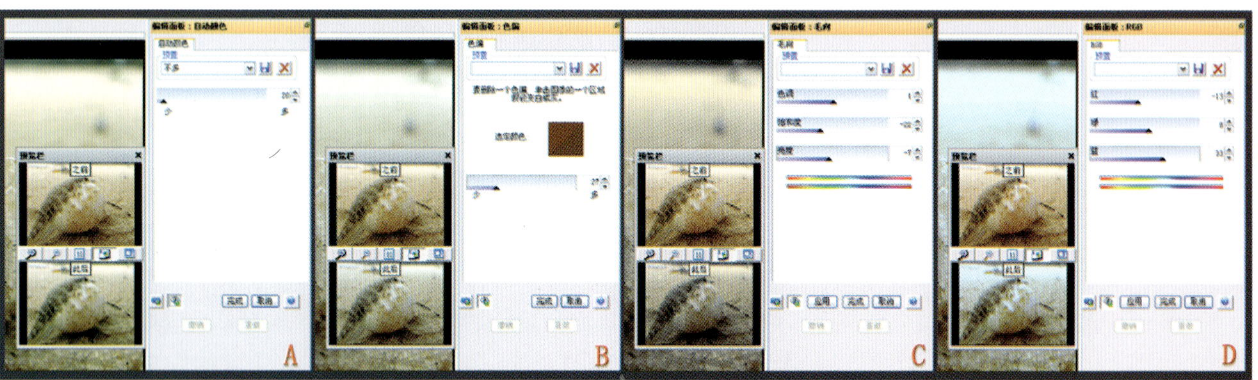

图 2–56

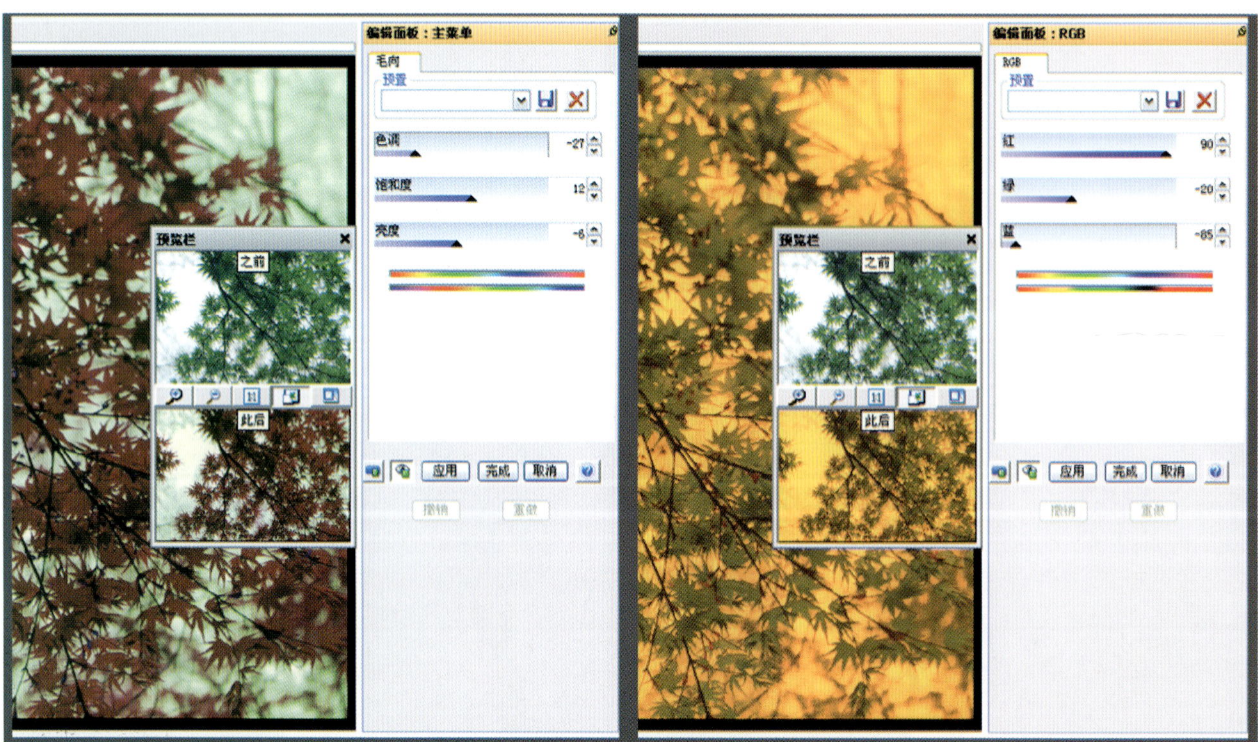

图 2–57

中國高等院校
THE CHINESE UNIVERSITY
21世纪高等教育美术专业教材
The Art Material for Higher Education of Twenty-first Century

弥补影像的不足
数码影像的艺术处理
锐化图像

CHAPTER 3

数码影像的处理

第三章　数码影像的处理

从技术手段角度来讲，画面的大小与角度、焦距与曝光、景深与层次等的不同，这些问题都会作用于摄影创作的艺术表现力与感染力。艺术表现的语言是非常丰富的，这些技术手段又是摄影语言表述的基础，如果摄影拍摄中运用不当而出现问题，就可能使拍摄的主题、创意、艺术性都受到削弱，也可能遭到破坏，甚至还可能产生截然相反的结果。从图3—1中就可以看出技术运用的得当与否，是与艺术效果紧密相联系的，处理与没有经过处理的影像其感染力是有着明显分别的。

图3—1

图3—1—1
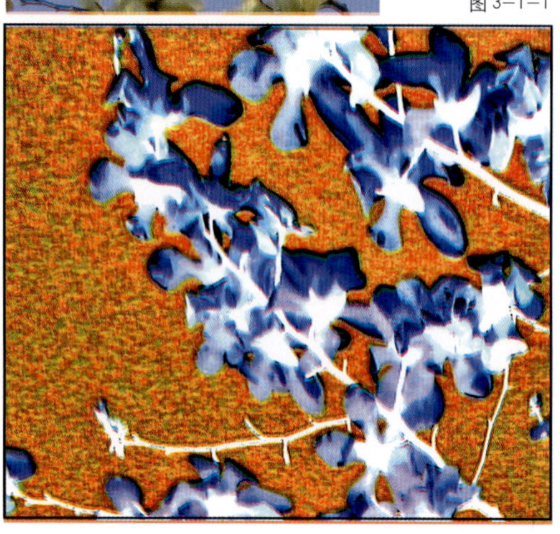

从创意角度来说，无论是在摄影棚还是走进生活、无论是练习还是创作，都需要有一个要表达的主题，而主题如何更加突出、风格如何更鲜明，除了在按动快门之前要进行周密的构思，后期的处理也是必不可少的环节。摄影的后期处理是前期创作的延续，是为创作目标实现而进行技术处理的重要环节，特别是计算机介入以后，极大地丰富了摄影表现的语言，使摄影创意效果实现变得更加确定与多姿多彩。同时，后期的数字化处理还能够将很多的照相机在进行拍摄时因为天气、环境、条件的影响而无法实现的效果，通过电脑并运用图像处理软件各种功能来进行影像的后期技术处理，弥补那些拍摄中的某些不足和缺憾，使摄影创作更具理想的艺术效果（图3—1—1）。

第一节　弥补影像的不足

一、弥补影像画面的不足

1.加强影像的清晰度

摄影中有很多因素会影响到摄影影像的清晰度，有些照片猛一看似乎还算是清晰，可是仔细再看，特别是放大以后，就会发现清晰度出现问题了。清晰度的问题直接影响着照片的质量，特别是对摄影创作影响就更大了。用Photoshop来调整就可以将稍微有些模糊的照片变得清晰。

※ 要注意的是：所谓"模糊的影像变清晰"，这里的"模糊"是有限度的，目前，还没有一个图像编辑软件可以把任何聚焦模糊的图像完全变得清晰。

实例1，图3—2，该习作拍摄的是一个儿童。这张照片比较有代表性，影像看上去似乎还不错，稍微注意就会发现，除了曝光存在一些问题，影像的清晰度也有问题。仔细观察小朋友脸部的轮廓线问题就全暴露出来了，但该照片完全属于可挽救之列，用 Photoshop 稍加处理就可以让照片清晰起来。

（1）首先在图层面板上复制一个"背景 副本"图层，将副本图层的模式修改为"亮度"（图 3–2–1）。

（2）选择"滤镜">"锐化">"USM 锐化"命令，在弹出的设置对话框中适当调节一下锐化参数，通常锐化数量为"100%"左右，半径是"1"像素，阈值不变（图 3–2–2）。

（3）再选择"图像">"模式">"Lab 颜色"命令，并在弹出的窗口中点击"拼合"命令（图 3–2–3）。

（4）刚才图层面板的 2 个图层被"拼合"为了一个图层，再选择复制一个"背景 副本"图层，然后在"通道"面板中选定"明度"通道（图 3–2–4）。

（5）再使用一次"滤镜">"锐化">"USM 锐化"命令对这个通道作锐化处理（图 3–2–5）。

（6）最后，返回图层面板把副本图层的模式修改为"柔光"（图 3–2–6）。

（7）通过用 Photoshop 的调整，现在再看画面影像变得清晰明亮，再把颜色调整一下整个习作就比较完整了（图 3–2–7）。

图 3–2

图 3–2–1

图 3–2–2

图 3–2–3

图 3–2–4

图3-2-5

图3-2-6

图3-2-7

2. 消除影像中的红眼

在摄影中有时会忽略打开照相机的防红眼功能，结果造成一幅很好的图片中因人物的眼珠呈亮红色而毁坏。Photoshop提供了一种修复红眼的简单方法——"颜色替换"工具。

实例2，图3-3，这幅习作拍摄的是正在游戏小朋友，动态的瞬间把握得不错。可是，红眼使这张照片摄影创作几乎失去价值。现在，只有通过Photoshop来进行修复处理。

图3-3

(1) 先选择工具箱中的缩放工具，对要修复的眼睛进行框选，将其放大以后方便查看与修复。然后点击工具箱，选择"颜色替换"工具（图3-3-1）。

(2) 从选项栏中选取一个画笔笔尖。画笔笔尖应该小于眼睛的红色区域，以便更轻松地修正红眼（图3-3-2）。

(3) 在选项栏中为"颜色替换"工具设置选项。

·对于"模式"选项，要确保选中了"颜色"。

·对于"取样"选项，选取"一次"以便仅抹除包含目标颜色的区域（图3-3-3）。

·对于"限制"选项，选择"不连续"，以便只要样本颜色出现在画笔下就将其替换。

·将"容差"滑块拖移到一个较低值（30%左右），这样只替换非常类似于您所点按像素的几种颜色。

(4) 选取一种替换红色的颜色。人们的观念中眼珠是黑色的，其实不然，如果你仔细观察就会发现它并不是黑色。那么如何选择替换的颜色，最好点按工具箱中的"吸管工具"在眼珠非红色区域选取一种颜色，这样修改后的颜色效果自然、和谐（图3-3-4）。

（5）开始修复照片。点按一次图像中要替换的颜色，用黑色拖移过红色以修复图像。如果未除去所有的红色，就尝试增大选项栏中的"容差"级别以修正更多色度的红色（图3–3–5）。

（6）通过处理，红眼被消除，这样的图像才能够符合创作的要求（图 3–3–6）。

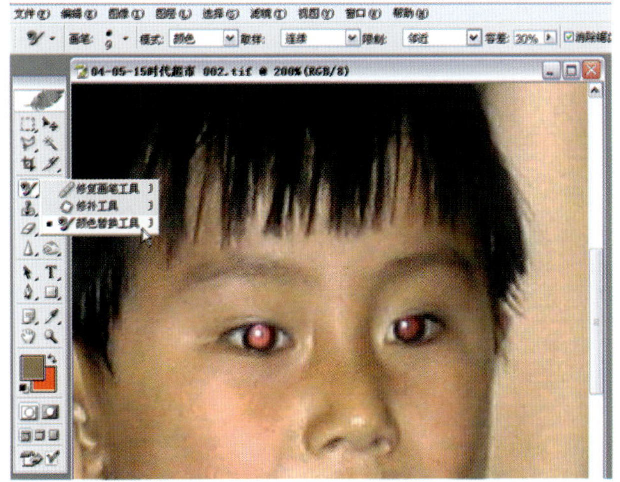

图 3–3–1

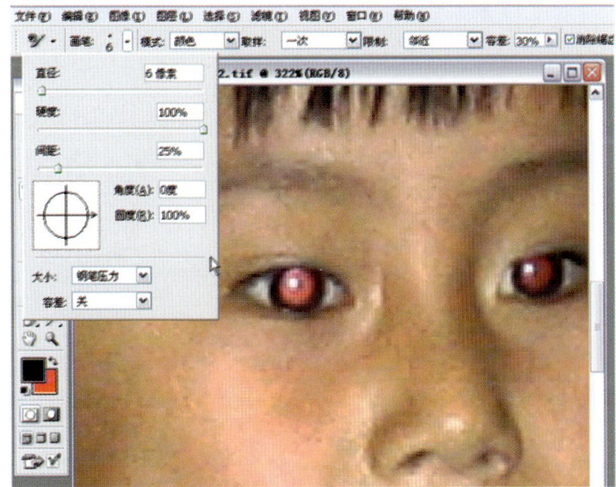

图 3–3–2

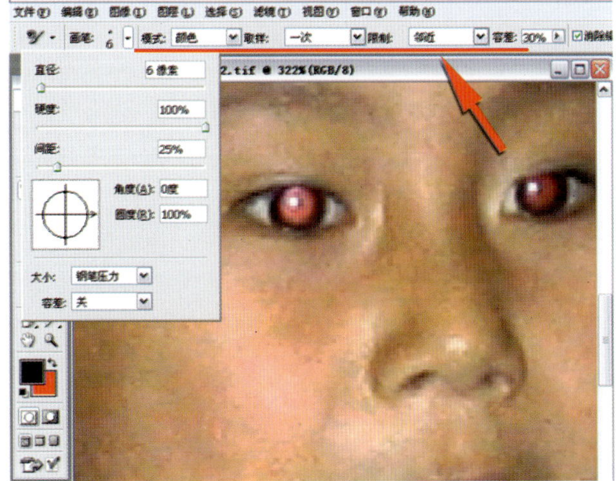

图 3–3–3

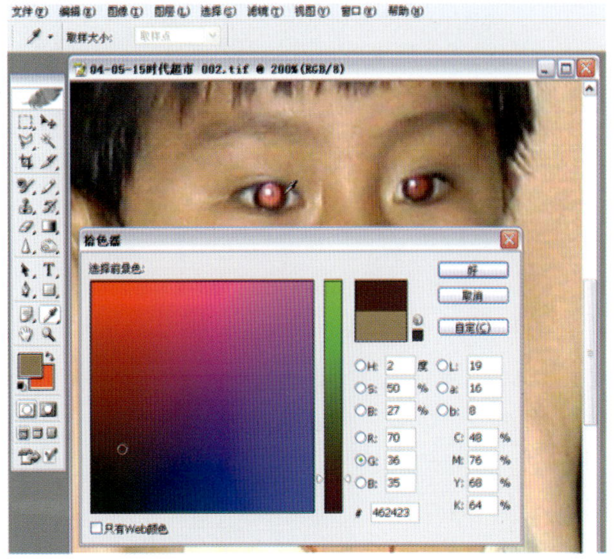

图 3–3–4

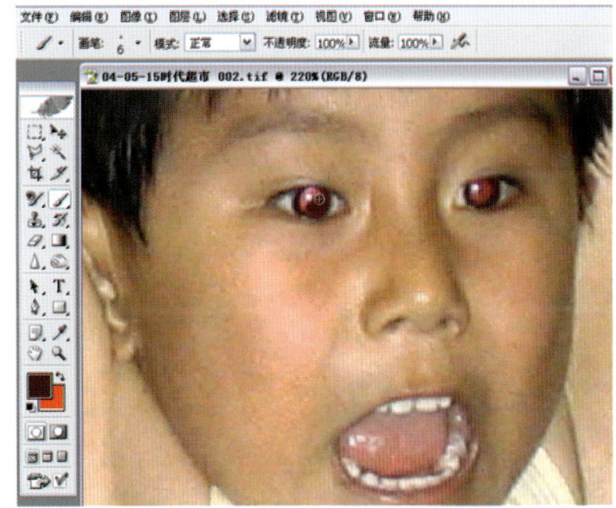

图 3–3–5

图 3–3–6

二、改善画面的影像效果

1. 弥补影像画面的不足

实例3，图3-4，这幅习作拍摄的是大海与浪花，视角与构图的选择都不错。但是由于按动快门的瞬间不够理想，所以浪花的特征不够明确，这样容易让人造成曲解。这种瞬间的把握确实很难，需要一定的经验积累。现在可以利用Photoshop在后期处理中，用另一张照片的浪花来弥补习作中不足。

(1)在同期拍摄的其他大海照片中选择一幅比较理想的浪花照片，将两幅照片同时进行调整以便使它们的亮度与色彩达到统一，这样可以确保"嫁接"的浪花不露破绽（图3-4-1）。

(2) 然后，选用工具箱中的"魔棒工具"选取图中的浪花，并将其"羽化"，这个"羽化半径"的数值一定要小，否则浪花就会失真。然后选用"编辑">"拷贝"命令复制浪花（图3-4-2）。

(3) 将复制的浪花"粘贴"到习作上，点击"编辑">"自由变换"命令，调整影像在画面中的大小与角度至合适的位置（图3-4-3）。

(4) 经过在Photoshop中的"嫁接"处理，画面中的浪花变得非常明确，由于添加了浪花使得整个习作也趋于均衡，现在的画面就显得明了而生动（图3-4-4）。

图3-4

图3-4-1

图3-4-2

图3-4-3

图3-4-4

图3-4-1

2.巧使物体改变颜色

实例4，图3–5，这是一幅拍摄雨中散步的习作，拍摄角度的选择以及构图的处理都很好，但画面的颜色都是冷色，虽然情侣雨伞的颜色比较鲜亮，却与环境过于统一。这样的照片处理就是要解决颜色问题，如果把雨伞改成粉红色，既丰富了画面色彩，同时粉红色还会使情侣、雨伞、散步更富有诗意。这样的后期处理，在Photoshop中只要使用"替换颜色"命令，就可以改变画面局部颜色。

（1）选取"图像">"调整">"替换颜色"（图3–5–1）。

（2）选择一个显示选项，在预览框中会显示蒙版。开始使用吸管工具选择由蒙版显示的区域，按住 Shift 键并点按或使用"添加到取样"吸管工具添加区域；按住 Alt 键并点按或使用"从取样中减去"吸管工具移去区域。被蒙版的区域是黑色，未蒙版的区域是白色（图3–5–2）。

（3）点按"结果"色板并使用拾色器设置要替换的目标颜色。当您在拾色器中选择颜色时，预览框中的蒙版会进行更新（图3–5–3）。

（4）如果对替换颜色还不够满意，要更改选定区域的颜色，就可以拖移"色相"、"饱和度"和"亮度"滑块对替换颜色进行进一步的调整（图3–5–4）。

（5）经过"替换颜色"的处理，粉红色的雨伞改变了画面的颜色结构，又强化了整个习作的情调，使创作的主体更加鲜明，画面也更加耐人寻味（图3–5–5）。

图3–5

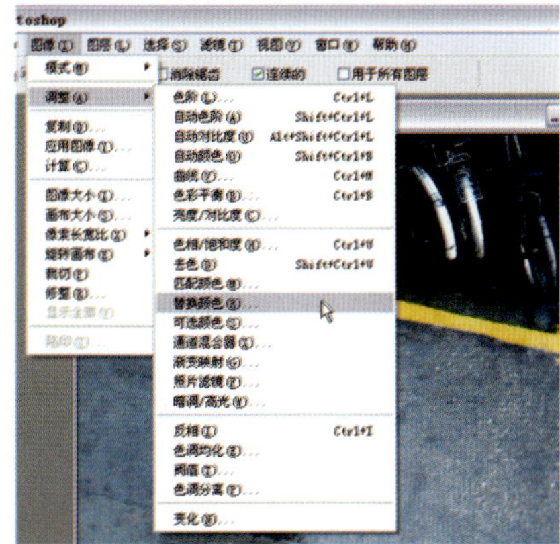

图3–5–1

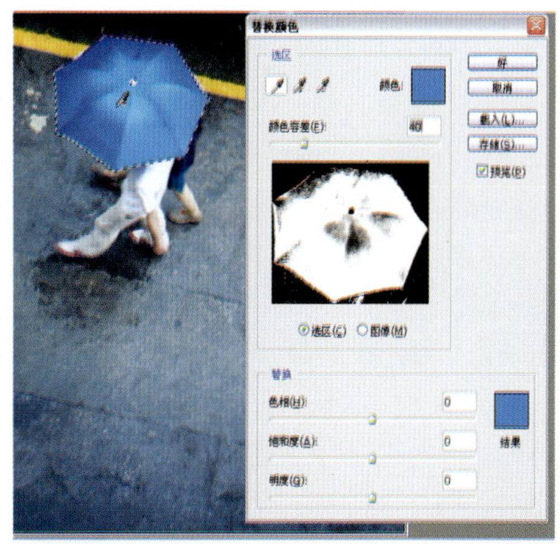

图3–5–2

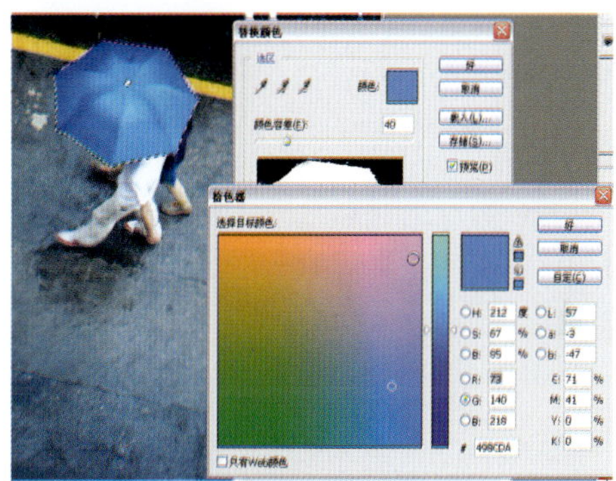

图3–5–3

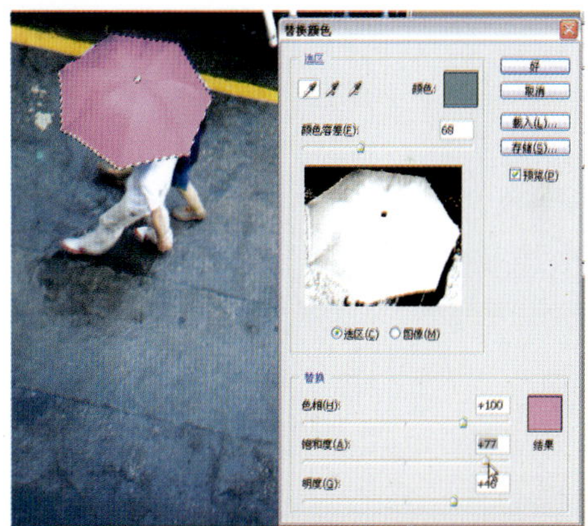

图3–5–4

图3–5–5

第二节　数码影像的艺术处理

数码影像的后期制作，除了根据需要进行调整影像以外，有的时候根据创作的需要，对影像进行适当的后期处理，通过处理让普通的、平常的摄影习作改变面貌，使得摄影作品更具有艺术表现力。

数码影像的后期处理往往着力不多，但常常却能够使影像焕然一新，有四两拨千斤的奇效。现在开始，在数码影像的后期处理中对Photoshop工具的运用面会广一些，而且灵活性会更大。因为，一方面，处理方法的选择要根据影像的不同情况来选择与之相适应的方法，这种选择不可能是唯一的；另一方面，影像处理所运用的各种方法及组合形式同样不是唯一的，这就需要大家对Photoshop工具有更加深入的了解与掌握才会取得理想的效果。这里列举一些常用的、比较典型的例子，给大家以启发，通过学习大家要能够举一反三，就会创造出更多的、更有效的处理方法。

下面还是通过具体实例来讲解如何运用不同的影像处理方法。

一、模拟摄影拍摄技术效果

摄影的拍摄技巧一般都是在拍摄时使用，可是由于各种各样的原因，特别是初学者未能在拍摄阶段使用好这些技术，在后期的处理中使用Photoshop图像处理软件模拟这些效果，对于摄影创作而言是一件非常有利的事，这样会使摄影创作成功率大大提高，摄影作品的质量得到提升。

1. 制作柔焦效果

实例1，图3–6，这是一幅肖像摄影习作，人物的动态、神情表现得都不错，但是画面效果还是缺乏一点吸引人的东西。另外，由于在宿舍这样简陋的条件下拍摄，褶皱的床单也影响了该习作的视觉的效果。那么，后期如何去处理会使习作更加吸引人呢？通常拍摄人像时，特别是拍摄女子肖像时一般会加上柔焦镜，这样就会让画面呈现出朦胧的美感，人物肖像摄影会表现出更加靓丽、动人的效果。

对于这样的效果追求在图像进行后期加工时并不复杂，只要利用Photoshop “模糊”命令，就可以达到柔焦的效果。当然，这样的处理不是简单的将整个画面“模糊”就可，需要经过一个处理程序。

(1) 在进行调整时，先按下鼠标右键并执行“复制图层”指令，也可以直接将初始背景图拽向下至“创建新图层”功能按钮，复制一份“背景 副本”图层（图3–6–1）。

(2) 选取刚刚复制完成的图层，使其成为当前作用图层，然后执行菜单中相关命令。点击菜单中“滤镜”>“模糊”>“高斯模糊”命令（图3–6–2）。

(3) 设置模糊半径的数值，输入的参数值愈高，图像就愈模糊。如果对设置半径的数值没有把握，可以边观察工作窗口中图像的变化边调节模糊半径的数值，直到您满意为止（图3–6–3）。

(4) 此时，整个影像变得柔和起来，为了使画面留有提神之处，用“套索工具”选取面部眼、鼻、嘴的部分，然后点击“选择”>“羽化”命令，羽化框选区域（图3–6–4）。

(5) 点击“编辑”>“清除”命令，也可以点按“Delete”键，抠除当前图层中的五官，露出下面的原图层清晰的五官。最后，再将两个图层合并，就完成了这次影像的处理。通过这样的处理，将背景床单的褶皱去除掉了，现在再看该习作的画面效果更加简洁，人像也显得更加楚楚动人（图3–6–5）。

图3–6

图3–6–1

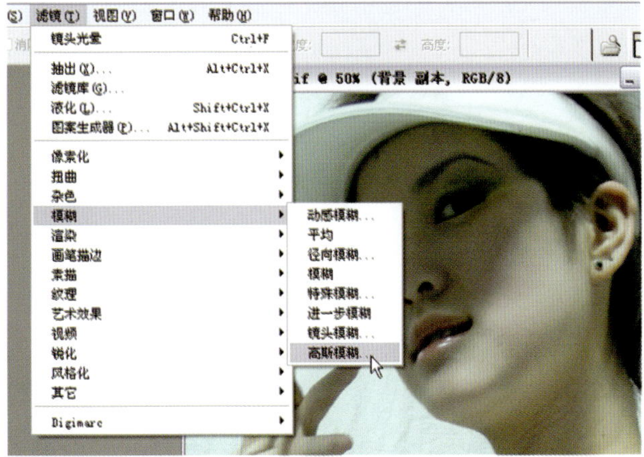

图 3–6–2

图 3–6–3

图 3–6–4

图 3–6–5

2.模拟景深效果

实例 2，图 3–7，这是一幅拍摄农村生活的习作，主体物选择了玉米，构图处理得也比较得当。可是由于景深运用失误，背景太实，直接影响了画面效果。那么，后期处理就是要解决背景问题，使背景模糊而主体很清晰，照片主次就分明了。现在就可以利用 Photoshop 中新增的“镜头模糊”命令，轻松实现这一效果。

（1）同样是先要复制一份“背景 副本”图层，可以按下鼠标右键并执行“复制图层”指令，也可以直接将初始背景图拽向下至“创建新图层”功能按钮来建立（图 3–7–1）。

图 3–7

图 3–7–1

(2) 使用菜单中的"滤镜">"模糊">"镜头模糊"命令，实现背景模糊的景深效果（图3–7–2）。

(3) 点击"镜头模糊"命令后会弹出一个对话框，根据作品的实际情况设置相应的参数（图3–7–3）。

(4) 建立一个选区，用"工具箱"中"套索工具"，将主体物选取，然后将选取框"羽化"。最后"清除"这个选区，露出下面一个图层清晰的玉米，该习作就处理完成了（图3–7–4）。

(5) 经过处理，使主体物玉米与背景区分开来，达到了突出主题的目的（图3–7–5）。

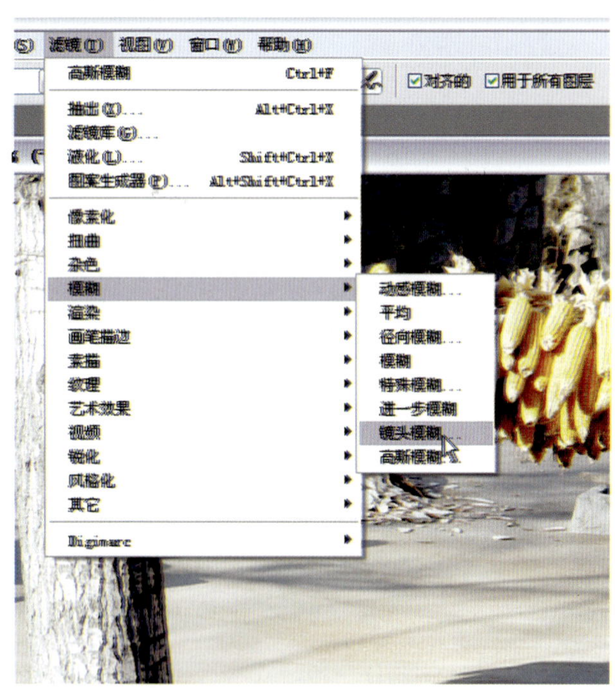

图3–7–2

图3–7–3

图3–7–5

图3–7–4

3.模仿跟随拍摄

实例3，图3–8，这幅习作拍摄了一个正在摄影的小姑娘，姑娘正弯腰专心致志的拍照，动态瞬间抓得不错，可是这个动态与背景的完全静态不是很协调，要突出动的感觉。因此，在后期处理中就是要想办法增加动感。这可以使用Photoshop中"动感模糊"命令来达到这种效果。

(1) 先点击右键，选择"复制图层"来创建一个"背景副本"（图3–8–1）。

(2) 打开"滤镜">"模糊">"动感模糊"命令（图3–8–2）。

(3) 点击"动感模糊"命令后会弹出一个对话框，设置角度和距离。根据该习作的需要选择倾斜的角度，与姑娘的动态相呼应（图3–8–3）。

(4) 再用"工具箱"中"套索工具"，将整个姑娘动态选取，然后将选取框"羽化"。最后"清除"这个选区，露出下面一个图层清晰的人物影像，该习作就处理完成了（图3–8–4）。

(5) 通过运用"动感模糊"命令，营造出用低速快门跟随主体运动拍摄的模糊效果，画面动感得到加强，使环境与人物形成一个和谐的整体，增强了创作的艺术表现力（图3–8–5）。

图 3—8

图 3—8—1

图 3—8—2

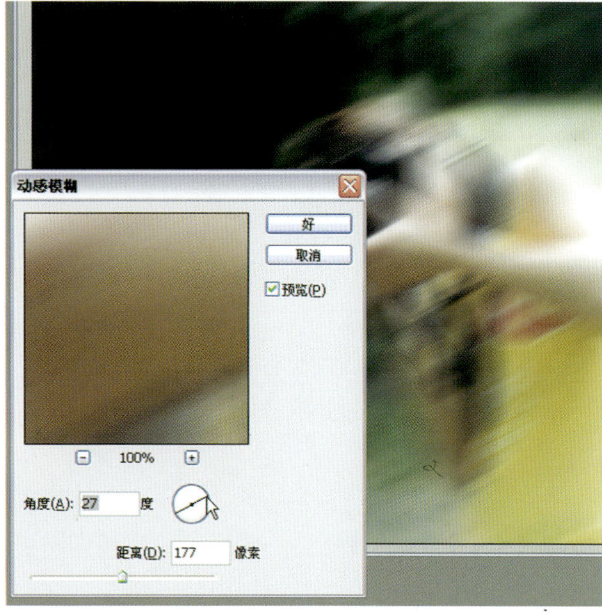

图 3—8—3

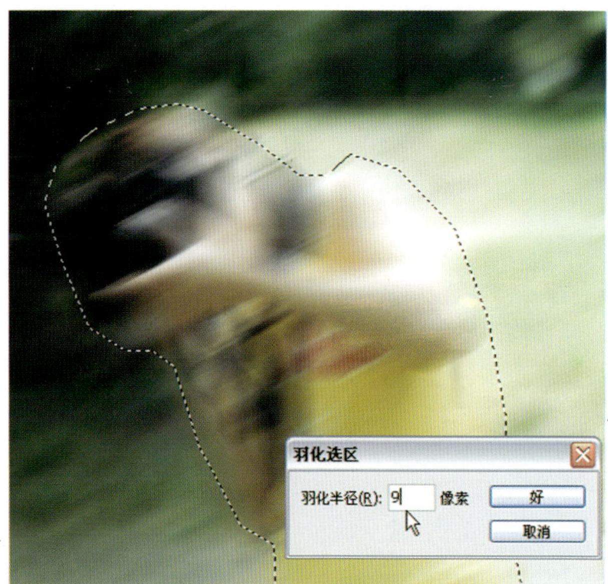

图 3—8—4

图 3—8—5

4.制造变焦拍摄的效果

实例4，图3—9，这幅习作拍摄的正在亲吻的玩具娃娃，画面的构图以及景深的运用取得了比较好的效果，但是，由于画面偏静，所以在突出主题方面还显得不够。"新娘"吻"新郎"应该是热烈的、充满激情的，画面应该增加动感才能够与主题相适应。如何使画面动起来，其实在拍摄时有个摄影的技巧，就是使用变焦镜头在变焦的过程中按下快门拍摄，结果图像有一种爆炸的感觉。这种效果用于该习作是比较理想的，可是在摄影中没有使用该技术，那么在后期处理中还能够实现吗？在 Photoshop 实现这样的特技是非常方便的。

（1）先在图层面板中把图像复制一个"背景 副本"（图3—9—1）。

（2）选择菜单中"滤镜">"模糊">"径向模糊"命令（图3—9—2）。

（3）点击"径向模糊"，弹出的一个对话框，设置模糊数量为30左右，再选择"模糊方法"为"缩放"，用左键点按"模糊中心"可以拖动虚拟感应线条将中心点放在画面的任何部位（图3—9—3）。

（4）完成"径向模糊"后，整个画面呈放射状模糊影像，这样会影响到"两个人"面部的清晰度。可以选用"工具箱"中"套索工具"，将"新娘"和"新郎"脸部选取，然后将选取框"羽化"。最后"清除"这个选区，露出下面图层清晰的人物影像，该习作就处理完成了（图3—9—4）。

（5）通过这样的处理，画面的爆炸感觉正好表现出主题所需要的热烈的动感，强化了主题，增强了艺术表现（图3—9—5）。

图 3—9

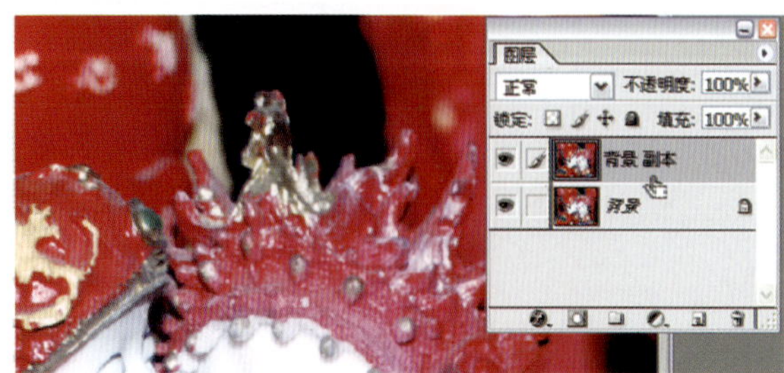

图 3—9—1

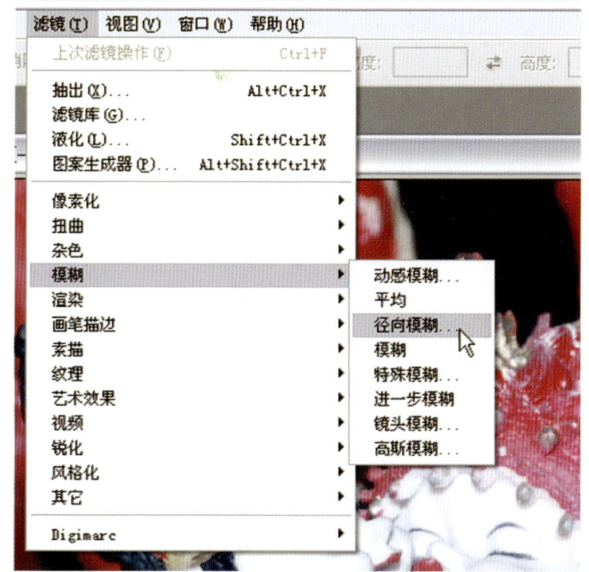

图 3—9—2

图 3—9—3

图 3—9—4

图 3—9—5

二、营造画面艺术效果

运用计算机进行摄影作品后期处理以后，加强和丰富了摄影创作的艺术表现力。在影像的后期处理中要充分地、巧妙地运用这一优势，制作出更多新颖的画面效果，创作出更加完美的摄影作品。

1.添加光晕效果

实例5，图3–10，这幅习作拍摄的是落日余晖下的江边，橙红色的画面很好地营造夕阳西下的氛围，网鱼的架子形成纵横交错的线条也煞是好看，但画面还是显得有些平。这样的习作怎样处理会使画面效果得以改观？仔细分析画面以后可以发现，在习作的右下角有一条太阳的倒影，可以利用这个条件在天空加上太阳，这样，画面会因这个亮点所形成的对比关系而打破原本的平淡。

而在影像中加上太阳和光晕，利用Photoshop来实现这个效果是切实可行的。只需运用“镜头光晕”命令就能够轻松实现多种光晕效果，但要特别注意图片中光照的方向。

（1）选择菜单中“滤镜”>“渲染”>“镜头光晕”命令（图3–10–1）。

图3–10

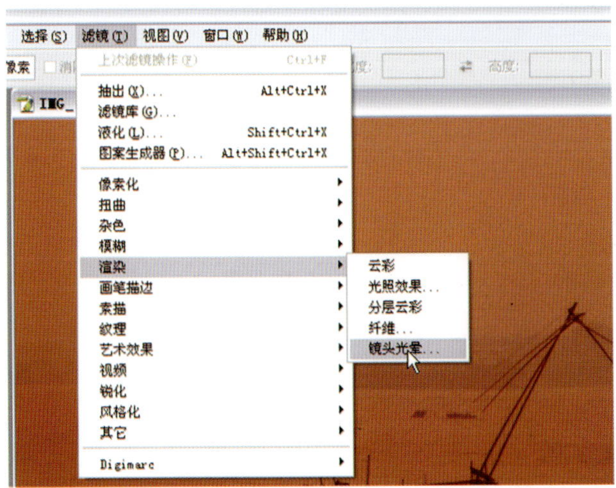

图3–10–1

（2）设置弹出的对话框，用鼠标移动光源方向，因为习作拍摄的是落日余晖，所以光照不宜太强，亮度可以设置在100%左右。还可以在“镜头类型”中选择不同的光晕效果（图3–10–2）。

（3）太阳添加完成以后，画面效果明显改观。最后再将倒影移至太阳下方，可以采用“复制”的方法，将倒影“粘贴”太阳的正下方即可完成（图3–10–3）。

（4）通过运用“镜头光晕”命令处理，原本整个平淡的画面现在显得既自然又生动（图3–10–4）。

图3–10–2

图3–10–3

图3–10–4

2. 营造天边的彩虹

实例6，图3–11，这是一幅拍摄大海的习作，年轻的姑娘奔向辽阔大海，是一幅有趣的摄影创作，可是，天空是灰蒙蒙的，大海里也没有翻起动人的浪花，使得习作逊色不少。怎样通过后期处理来弥补这些不足？该习作上布满灰色云层的天空，就会让人联想到风雨，风雨后就会有彩虹，添上彩虹就可以使阴霾的天空改变面貌，又可以增加作品浪漫气氛。而营造彩虹用Photoshop是完全可以实现的。

(1) 在Photoshop中打开图像，在图层面板新建一个图层(图3–11–1)。

(2) 然后使用“单行选框”工具选取一条水平框并填充颜色，点击“工具箱”中的“渐变工具”，选择填充彩虹的颜色（图3–11–2)。

(3) 选择菜单中“滤镜”>“扭曲”>“挤压”命令（图3–11–3)

(4) 点击“挤压”命令会弹出对话框，设置挤压数量为“–100%”（图3–11–4)。

(5) 选择“编辑” >“变换”>“透视”命令，调节彩虹图层的图像的方向，让彩虹的线条感觉在画面中由近到远(图3–11–5)。

(6) 可以用“套索工具”选取多余的部分，然后把这部分图像删除掉（图3–11–6)。

(7) 再选择“滤镜” >“模糊”>“高斯模糊”命令，设置好模糊半径，这样彩虹的各种颜色之间被混合起来（图3–11–7)。

(8) 最后，把彩虹这一个图层的模式设定为“柔光”，影像处理就结束了（图3–11–8)。

(9) 通过对影像的处理，巧妙地利用阴天的环境，营造了梦幻般感觉的彩虹，出现在照片上的彩虹既自然生动，又丰富了画面的色彩，还给作品添加了一缕淡淡的浪漫情调(图3–11–9)。

图3–11

图3–11–1

图3–11–2

图3–11–3

图 3—11—4

图 3—11—5

图 3—11—6

图 3—11—7

图 3—11—8

图 3—11—9

3.制作黄昏影像

实例7，图3–12，这幅习作拍摄的是城市里的两座现代建筑，取景角度不错，可是由于色彩过于统一，使习作显得较为普通与平常。改变影像的色彩，将照片处理成黄昏晚霞的效果，用强烈的色彩吸引观众，结果就可能完全不一样了。通过Photoshop软件的处理就能够将影像处理成预想的效果。

（1）在Photoshop中打开照片，在图层面板中把图像复制一个"背景 副本"图层，然后设定这个"背景 副本"图层的"设置图层的混合模式"为"叠加"（图3–12–1）。

（2）点击图层面板下方第4个按钮"创建新的填充或调整图层"命令菜单中，选择"渐变影射"命令（图3–12–2）。

（3）设定"灰度影射所用的渐变"，注意黄色要多一些（图3–12–3）。

（4）再把"设置图层的混合模式"修改为"强光"（图3–12–4）。

（5）下面选择图层面板"创建新的填充或调整图层"菜单下"渐变"命令（图3–12–5）。

（6）点击"渐变"命令会弹出对话框，设定渐变色为灰色和白色（图3–12–6）。

（7）再将"设置图层的混合模式"修改为"颜色加深"（图3–12–7）。

（8）最后可适当调节一下图层的"不透明度"，一副黄昏下的都市天空景象就呈现在眼前（图3–12–8）。

（9）通过处理，现在这幅习作色彩强烈，改变了原本较为接近平常视觉效果的面貌，画面以浓重的色彩充满张力和视觉冲力（图3–12–9）。

图3–12

图3–12–1

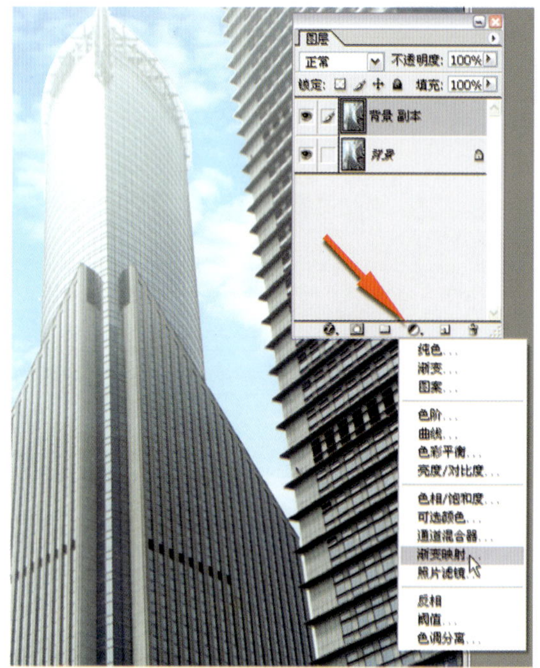

图3–12–2

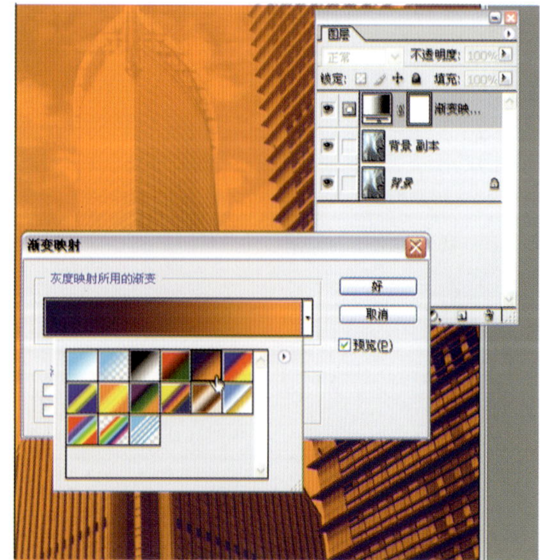

图3–12–3

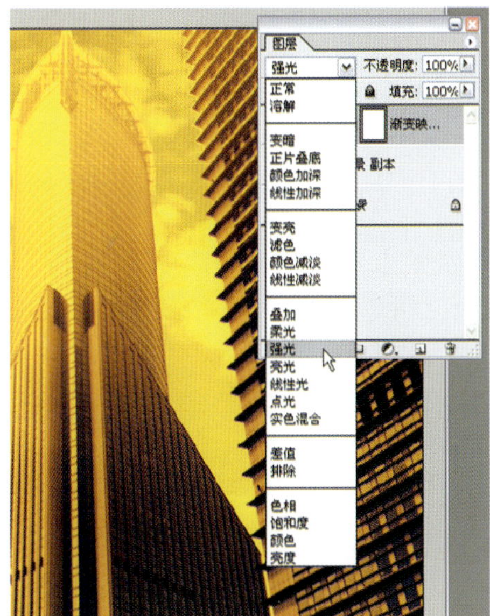

图 3—12—4

图 3—12—5

图 3—12—6

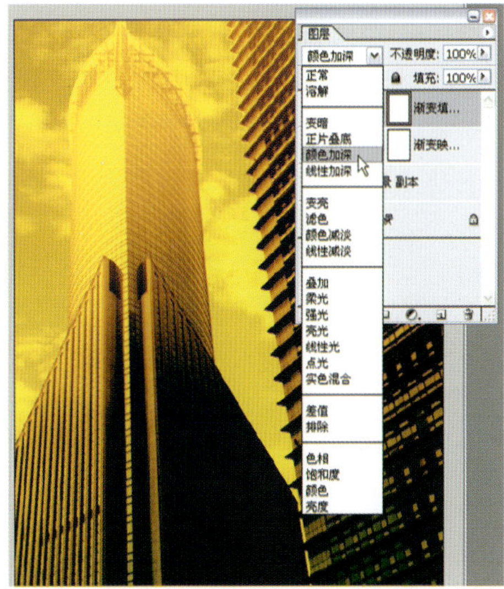

图 3—12—7

图 3—12—8

图 3—12—9

4.仿制旧照片的效果

实例8，图3–13这幅习作拍摄的是仿欧式建筑。这样的“伪”西洋建筑往往因为缺乏亲和力，会直接影响到摄影创作的艺术感染力。如何弥补这一缺陷，可通过对影像的后期艺术处理来改变这一不利的因素。这是一座仿古典的建筑，如果将这张照片处理成老照片的效果，一定会让人回忆起许多过去生活的往事，产生无限的遐想，这样就为该习作增添了艺术感染力。而用Photoshop将影像处理成老照片的效果是能够实现的，也是比较简单的。

（1）首先，点击菜单中“图像”＞“调整”＞“去色”命令，将彩色影像改变成黑白照片（图3–13–1）。

（2）使用“图像”＞“调整”＞“色彩平衡”命令，将图像的色彩调节为旧照片的棕黄色（图3–13–2）。

（3）使用“滤镜”＞“杂色”＞“添加杂色”命令，在弹出的对话框中设定杂色的数值，分布方式选择“高斯分布”，并选中“单色”方式（图3–13–3）。

（4）在图层面板上选择背景图层点击右键选择“复制图层”命令，复制一个“背景 副本”图层（图3–13–4）。

（5）将这个副本图层作为当前层，点击“滤镜”＞“纹理”＞“颗粒”命令（图3–13–5）。

（6）然后，在滤镜参数设置中选择“颗粒类型”为“垂直”，并设定颗粒的“强度”和“对比度”（图3–13–6）。

（7）图层面板中把复制图层的“设置图层的混合模式”修改为“变亮”（图3–13–7）。

（8）通过对照片的处理，现在该习作就有了旧照片的效果感觉了，人们观看这样的照片就不会再去注意建筑的真伪，而会更加关注这种建筑里的故事（图3–13–8）。

图3–13

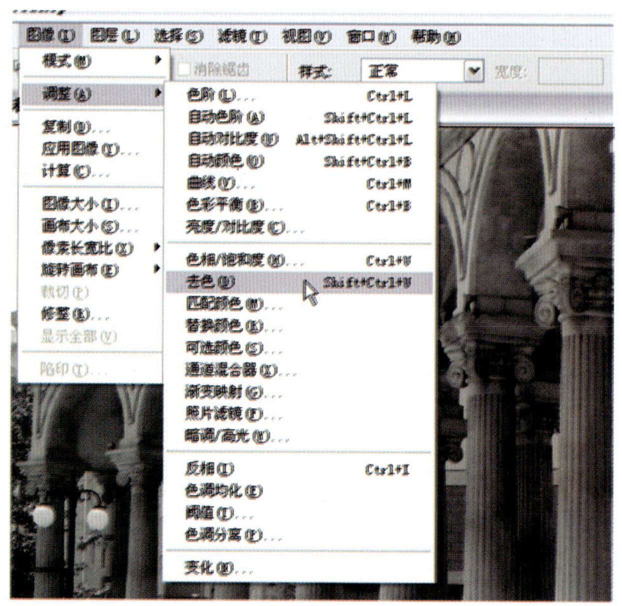

图3–13–1

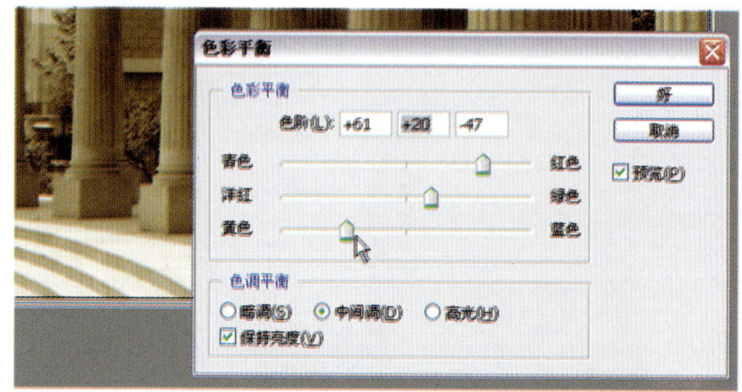

图3–13–2

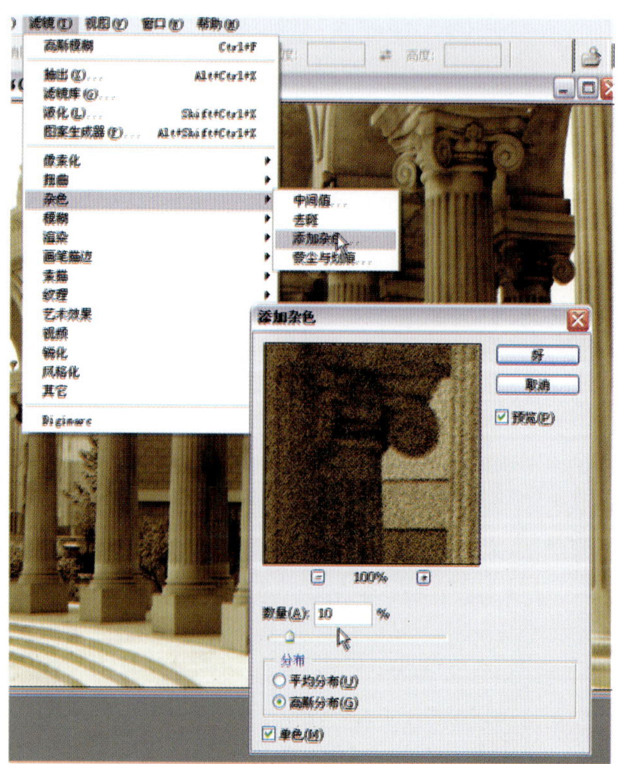

图3–13–3

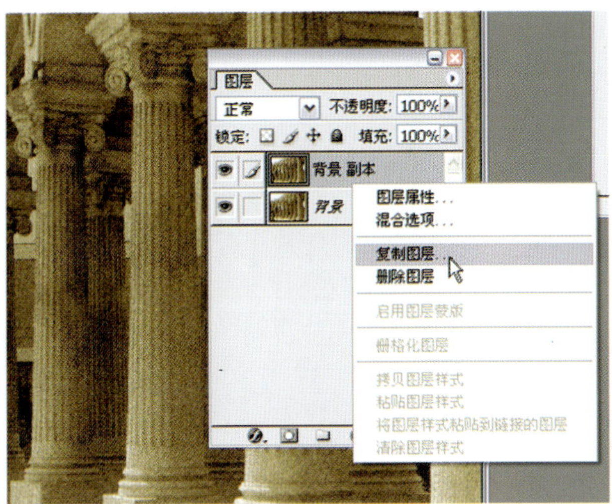

图 3–13–4

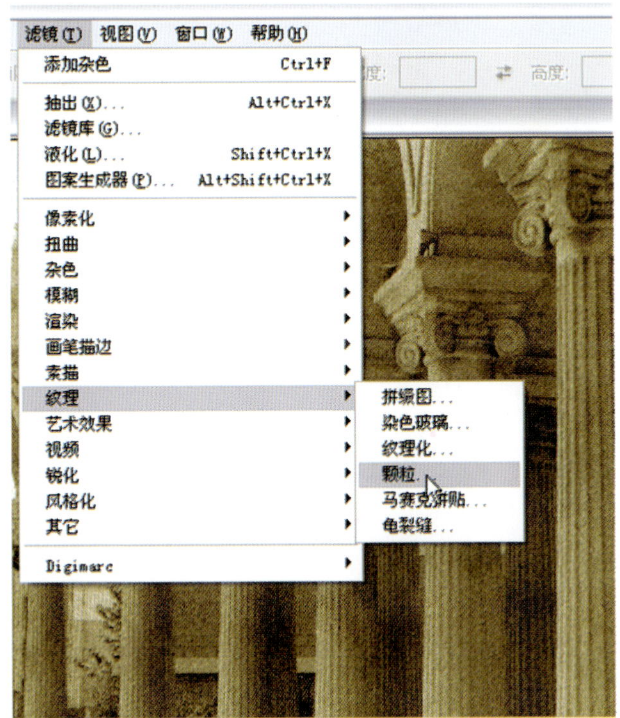

图 3–13–5

图 3–13–6

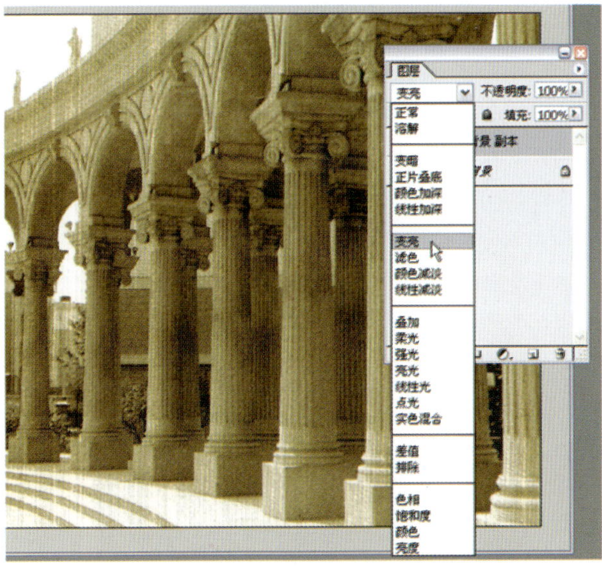

图 3–13–7

图 3–13–8

5. 巧用黑白与彩色结合的效果

实例 9，图 3–14，这幅习作拍摄的是爬在树上的红叶，发现和拍摄这样的主体物还是比较有趣的，构图处理也比较好，可是画面的环境都是暖色的，红叶不够突出，所以艺术的表现力也就显得有些欠缺。如何突出红叶成为影像处理的关键，减弱红叶以外的颜色是处理的目标。根据该习作的特点，如果是以黑白灰的关系来反衬红叶效果会更加显著。因为，黑白与彩色各有精彩之处，以无色衬有色，画面的对比加强了，表现力也会得以加强。这样的处理在 Photoshop 中也是比较简单的，通过一些处理即可实现。

（1）在进行处理时，先按下鼠标右键并执行“复制图层”指令，也可以直接将初始背景图拽向下至“创建新图层”功能按钮，复制二份“背景 副本”图层（图 3–14–1）。

（2）选取刚刚复制完成的“背景 副本”，使其成为当前作用图层，然后执行菜单中“图像”>“调整”>“去色”命令。之后，对黑、白、灰关系作适当的调整（图 3–14–2）。

（3）打开“背景 副本2”，选用工具箱中的“魔棒工具”选取红色树叶，再点击菜单中“选择”>“反选”命令，去除红叶以外的其余部分（图3–14–3）。

（4）关闭“背景”和“背景 副本”这两个图层，就可以清晰地看出没有清理干净的部分，选用工具箱中的“橡皮擦工具”擦去多余的部分；再将红叶的颜色作适当的调整，使其饱和度增强，以利于与背景黑白的影像形成对比；最后将图层合并完成该影像的处理（图3–14–4）。

（5）通过对影像的处理，产生一种全新的视觉效果，使画面的艺术表现力得到加强（图3–14–5）。

图3–14

图3–14–1

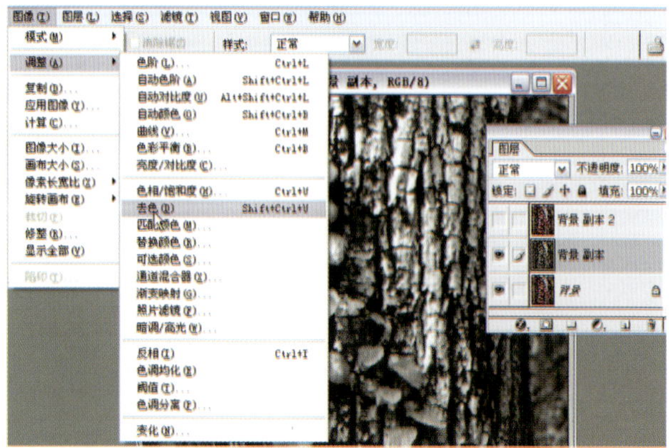

图3–14–2

图3–14–3

图3–14–4

图3–14–5

6.做出国画效果的影像

实例10，图3—15，这是一幅拍摄睡莲的习作，由于采用逆光而花与背景的关系处理得不好，基本上是不成功的，是否可以通过后期处理来使它起死回生？莲花是中国画经常表现的内容，那么把它处理成国画效果会怎样？在Photoshop中完全可以将影像处理成这样的效果。

（1）首先复制一个"背景 副本"，然后"去色"，将这个"背景 副本"变成黑白影像（图3—15—1）。

（2）由于该习作背景比较深，所以要将这个影像"反相"，使它黑白颠倒正好符合中国化的特点，然后，再对影像作适当的调整以增加黑白对比（图3—15—2）。

（3）执行"滤镜">"画笔描边">"喷溅"命令。点击该命令会弹出对话框，对"喷溅"参数进行调整（图3—15—3）。

（4）关闭"背景 副本"，将"背景"图层作为当前层，选用工具箱中的"魔棒工具"或"套索工具"选取两朵睡莲花，并将其复制（图3—15—4）。

（5）复制完成以后，点击"滤镜" >"模糊" >"高斯模糊"命令，使两朵睡莲花影像模糊一些，制造水墨画在宣纸上的效果（图3—15—5）。

（6）由于将影像"反相"使原来深色的花茎变为白色，可以选用工具箱中的"画笔工具"画出两朵睡莲花的花茎。最后再在画面的一角题上字，用红色画一个小图章，这样作品就完全符合中国画的形式特点，处理就此结束（图3—15—6）。

（7）通过使用Photoshop的处理，使整个影像改头换面，产生了全新的、具有中国意味的艺术效果（图3—15—7）。

图3—15

图3—15—1

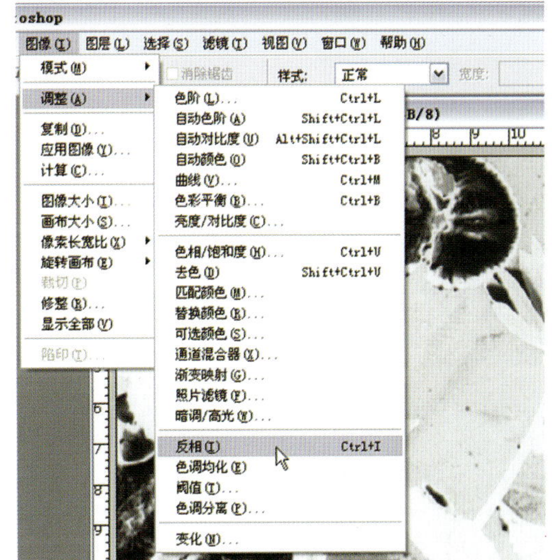

图3—15—2

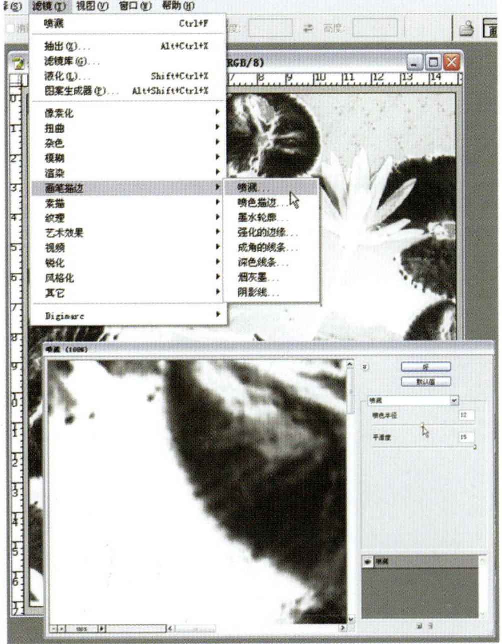

图3—15—3

图 3–15–4

图 3–15–5

图 3–15–6

图 3–15–7

7.做出多次曝光的影像

实例11，图3–16，多次曝光是摄影中一种表现技法，而这种技法多取决于摄影器材，目前，大多数人使用的普通的照相机基本上没有这样的功能，那么，用普通相机能否实现多次曝光的效果呢？完全能够。如同该习作一样，在拍摄时将奔跑的动作拍成一组（图3–16–1），通过Photoshop后期的处理，把它们叠加在一起就可以制作出多次曝光效果的摄影作品。

（1）先将几幅照片同时调整，使它们的亮度与色彩达到统一。然后选择其中一幅照片作为基础（图3–16–2）。

（2）选择另一张照片，用“工具箱”中的 “套索工具”选取画面中的人物动态（注意，不能只选取人物，要连同人物倒影一起选取，否则会很不自然），选取后将其“羽化”（图3–16–3）。

（3）将选取的图像通过“拷贝”，“粘贴”到选定的基础照片上。点击“编辑” > “自由变换”命令，按照Shift键执行等比例缩放，来调整影像在画面中的大小（图3–16–4）。

（4）调整图层面板中的“不透明度”下的滑块，使影像变淡而透明。这样就使画面增加了一次“曝光”，以下几次“曝光”处理方法同前面一样，只是要注意前后几个影像之间的大小比例要等比例缩小，否则就不够自然了（图3–16–5）。

（5）通过在Photoshop中的几次“曝光”处理，使原本单个动态的画面形成一幅“多次曝光”的作品（图3–16–6）。

图 3-16

图 3-16-4

图 3-16-1、3-16-2

图 3-16-5

图 3-16-3

图 3-16-6

三、运用 ACDSee 处理影像

在 ACDSee 中对画面的影像进行艺术的处理也是可以实现的。ACDSee的执行命令中，也有一些简单的图像处理能力，这些命令与Photoshop中的艺术效果处理相仿，但也有它不一样的地方。ACDSee的影像处理命令集中在"更改">"效果"命令中（图3–17）也分为几个部分。

ACDSee 对影像进行艺术处理的命令虽然不多，风格却比较鲜明，完全可适应摄影影像的简单处理需要，特别是它的有些处理效果是和Photoshop不一样的（图3–17–1、图3–17–2）。

ACDSee这些艺术处理单独使用操作起来比较简单直接。当点击某个命令以后，就会显示操作界面，会在界面的右边出现一个对话框，进行一些简单的设置或者对三角滑块作调整，并在图像区直接显示结果（图3–18）。可是，这些命令要叠加使用与Photoshop相比就显得比较麻烦。

图3–17

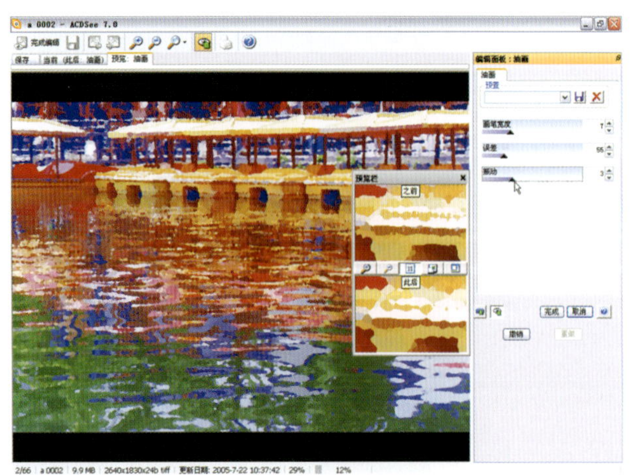

图3–17–1

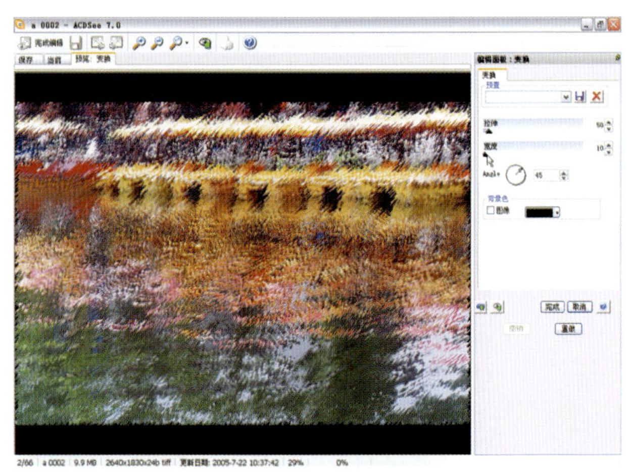

图3–17–2

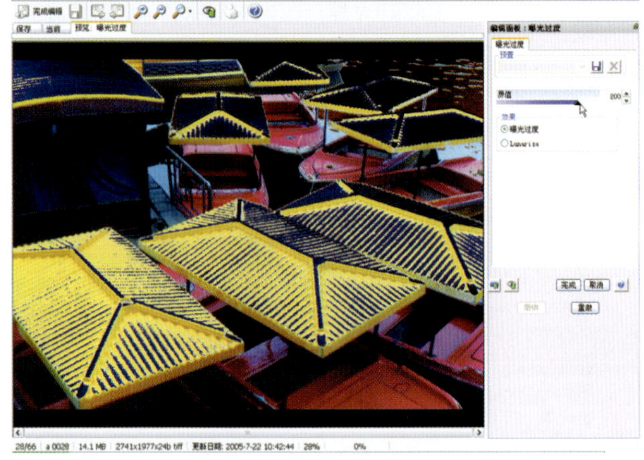

图3–18

第三节　锐化图像

一、Photoshop 锐化图像

在图像处理完成以后，使用Photoshop中的"锐化"滤镜命令，锐化一下图像对加强影像的质量是非常有益的。锐化的功能就是增强图像中的边缘定义，"锐化"滤镜是通过增加相邻像素的对比度来聚焦模糊的图像，使影像变得清晰。通过图3–19的两个图像局部放大后的比较，展示锐化照片之前和锐化的照片的差别就能够充分地反映出这一特点。当然，没有一个图像编辑软件可以把聚焦模糊的图像完全变得清晰，但可以使用"锐化"滤镜来稍微改善影像的清晰效果，作用是显而易见的。

在图像的对比中可以发现在仙人掌边缘似乎被添加一条白的光晕，这是为了比较故意加大锐化程度的结果，反过来他也告诉大家在做"锐化"的调整时，小心不要走极端，因为适度的"锐化"有益于图像的表现质量。而锐化过度则会使影像的边缘出现明亮的光晕，反而破坏物体的造型，还会使影像产生明显的颗粒，导致图像的粗糙（图3–20）。

Photoshop中的"滤镜">"锐化"命令包括："USM 锐

化"、"进一步锐化"、"锐化"和"锐化边缘"命令（图3–21）。这四种锐化滤镜中，只有"USM锐化"滤镜具有对话框，其余三种锐化滤镜均是一步完成。下面分别介绍这四种锐化滤镜的功能及使用方法。

1.USM锐化

USM锐化，它是Unsharpen Mask的简称，也可以称为"非锐化蒙版"。"USM锐化"是在照片中用来锐化边缘的传统胶片复合技巧。"USM锐化"滤镜的主要功能是进行专业的色彩校正，它可以调整照片色彩中边缘细节的对比度，并在边缘的每侧制作一条更亮或更暗的线，从而使色彩边缘更明显，产生更加清晰的照片。因此，利用"USM锐化"滤镜来校正相片、扫描影像、重定像素或打印过程产生的模糊照片都非常有用。

"USM锐化"是唯一具备对话框的滤镜。在"USM锐化"对话框中，主要有三个选项：数量、半径和阈值（图3–22）。

·数量：用以确定像素间的对比度。对于高分辨率的照片，建议使用150%和200%之间的数量。

·半径：用来控制影像锐化的边缘像素周围的像素数目。较低的数值仅会锐化边缘像素，较高的数值会锐化更宽范围的像素。对于高分辨率照片，建议使用1和2之间的半径值。

·阈值：用来确定在滤镜将其认为是边缘像素并进行锐化之前，锐化的像素必须与周边区域相差多少。为避免产生杂色，应使用2与20之间的阈值。如果默认的阈值为0会锐化照片中的所有像素。

2.进一步锐化和锐化

"进一步锐化"和"锐化"都是对选区中的照片进行聚焦从而提高照片的清晰度。"进一步锐化"滤镜比"锐化"滤镜具有更强的锐化效果，二者的关系就像"进一步模糊"滤镜同"模糊"滤镜的关系一样。比较而言，"锐化"滤镜的效果不是很明显，而"进一步锐化"滤镜所产生的效果比"锐化"滤镜强三至四倍。

"进一步锐化"滤镜和"锐化"滤镜的使用方法，当确定一个照片的选区后，只需要选择"进一步锐化"或"锐化"命令即可自行完成。

3.锐化边缘

"锐化边缘"滤镜的功能是自动查找照片中有不同颜色的边缘并进行锐化，从而使各种颜色的界线更加明显。"锐化边缘"滤镜的锐化对象是不同颜色的边缘而保持照片整体颜色的平滑度。

二、ACDSee锐化处理

在ACDSee中也是可以对画面影像进行锐化处理。ACDSee的"锐化"命令在"更改"＞"锐化"命令中，见图3–23，它的"锐化"程度是靠拖移三角滑块控制的，在对话框的左边就有一个"预览栏"，可以适时监控，还是比较方便的。只是ACDSee的"锐化"命令与"模糊"命令集中在一起，使用中一定要当心。

图3–19

图3–20

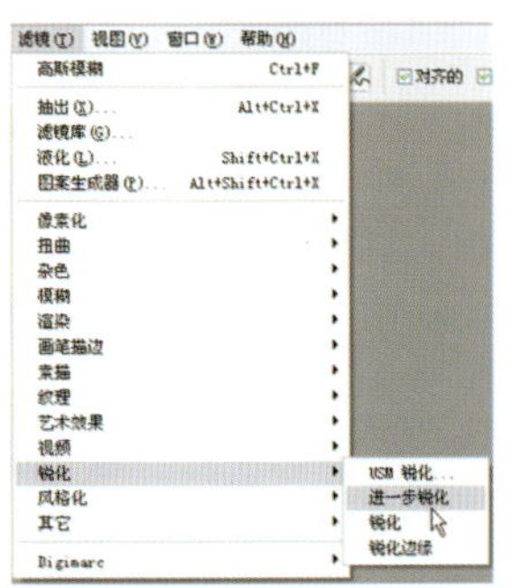

图3–21

图3–22

图3–23

中國高等院校
THE CHINESE UNIVERSITY
21世纪高等教育美术专业教材
The Art Material for Higher Education of Twenty-first Century

充分发挥技术的作用
充分应用艺术的原理
充分调动创意的潜能

CHAPTER 4

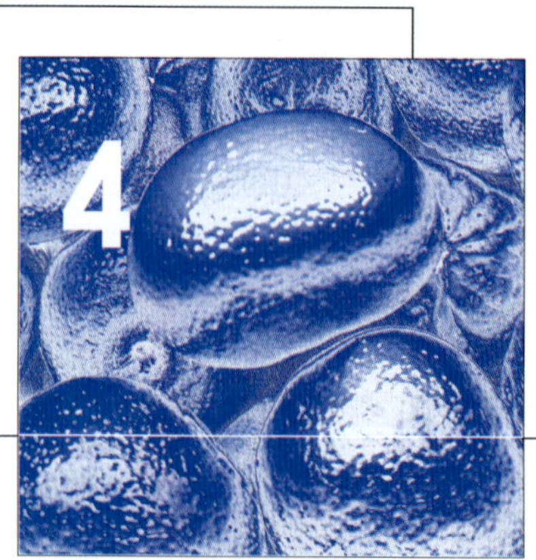

数码影像
创意表现

第四章　数码影像创意表现

所谓影像的"创意表现"就是运用摄影者自身的艺术素养，对拍摄的影像进行"再创造"的艺术处理。提到数码影像创意处理，有些人会想到许多现在流行的神奇、古怪数码图像，而这里要介绍"创意"处理的数码影像与那些神奇、古怪数码制作的影像是两个不同的概念。虽然强调的是"创意"二字，可是前者着重对摄影图像自身的"创意"制作，属于有中升优；而后者通常强调的是"创意"新的图像，属于无中生有，两者虽然都叫数码影像创意，显然存在一定的区别。相比较而言，后者的表现空间与自由度都大于前者。其实，数码影像创意处理的空间也是非常巨大的。

数码影像的再创造是摄影艺术创作的延伸，这种"创意"表现是摄影的二次创作，根据学生艺术学习的特点，这里主要强调的是美术的艺术形象创造。计算机介入摄影的后期处理与制作，极大地丰富了后期制作的语言，过去摄影暗房技术所产生的表现形式，是无法与图像处理软件相提并论的，不论是形式还是方法以及效果，"电子暗房"的优势都是传统暗房技术望尘莫及的。特别是Photoshop中一些技术处理效果，如"滤镜"中的一些命令又是模仿绘画的，这给影像进行美术的艺术形象创造提供了可能性与极大的便利。所以，影像的再创造可以以摄影的艺术形式出现，也可以不是摄影的艺术形式而是以绘画的艺术形式出现。这种多样艺术表现的追求训练，对于学生的学习来讲，意义更大。前面的影像处理偏重于理性思维和条理化构思，可能会造成学生忽略了摄影创作中很多原本可以充满创意内涵的画面处理，没有能够在自己的摄影作品里表现出更多的视觉艺术的语言与个人感受的信息。通过数码影像的再创造，给了广大学生一个更为放开的思维意识和灵感表现的空间，利用摄影艺术创作的延伸给学生创造的一个充分施展艺术表现才华的条件与环境，让他们在这样的实战空间里得到锻炼、发展和成长，这就是意义大之所在。

美术艺术形式的创作可以是具象的、有主题的，通过图像阐述自己的某些观点表现，图4—1《海风》，表现了渔家女在海边劳作后迎着海风休息、说笑的情景，表达了"劳动"—"快乐"的主题。该习作通过后期处理，完全改变了原来摄影作品的面貌，虽然没有面部表情的刻画，可是画面浓重的色彩，油画般的视觉效果，同样把清风送爽、喜气洋洋的主题表达得非常充分。这样的"再创造"，突破了以往影像的表现模式与习惯，以一种新的面貌获得了摄影影像表现的升华。通过这个影像的后期创意性处理，学生学会在创作中运用艺术表现的手段来烘托主题，这样的效果，无论在画面的表现方面还是学习成效方面，显然要强于单纯的影像调整。

除此以外，数码影像的美术艺术形式的"再创造"，还可以把自己接受到的来自大千世界的各种图像素材进行抽象的表现，通过一些元素符号图像来表达自己的喜悦、刺激、压抑等等这些情感。图4—2《火红第5乐章》这张创作，经过比较可以发现通过"再创造"使习作与原图产生了质的区别。原图只能算是一幅普通的摄影习作，基本上没有什么艺术感染力可言，可是经过"再创造"照片中既没有乐器，也没有演奏音乐的动态，而画面却充满音乐的氛围：红、黄、蓝三原色的组合形成了交响的基调，红色的色调、饱和的色彩表现出热烈、奔放的主体情绪，蓝色的贝壳和红色的岩石形成鲜明的对比，如同欢快跳跃的音符，充分地传达出作者内心的音乐灵感的表达冲动。"再创造"使一件原本平淡的习作变得充满活力与视觉冲击力，这样的结果显然要更有意义于影像的调整。

大家在这个章节的学习里要真正理解与掌握“创意”中的本质，能够在影像画面中准确地表达出自己想要传达的信息，关注到艺术的“理念”，引发对艺术深层次问题的探索与思考，数码影像的再创造就真正地具有实质的意义，这样才能够算是进入了艺术圣殿的大门。

对于摄影数码影像的再创造，虽然有许多的方法来实现，可是其基本创作规律与基本创作方法还是需要认真研究与掌握。

图4—1　海风

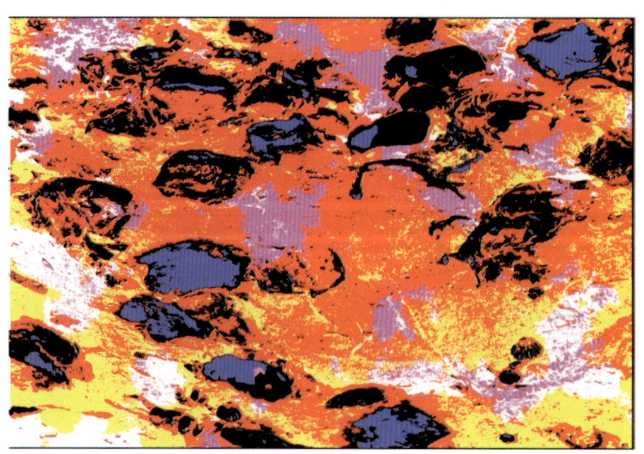

图4—2　火红第5乐章

第一节　充分发挥技术的作用

数码影像的再创造在技术运用层面上提出了更高的要求：在影像的创意处理中，对Photoshop图像处理软件的运用已不再像前面那样简单与有规律可循。摄影的“创意”表现技术涉及面更广，灵活性更强，就Photoshop中“滤镜”效果的运用，同一张照片就会给出众多的结果，如图4—3，这是一幅以“郁金香”为主题的创意处理训练习作，该练习以拍摄的一张郁金香花照片为基础，同为一张照片仅仅是运用“滤镜”里的一部分命令就产生这样多的表现形式变化。所以，在创意处理中究竟选用什么命令，获得怎样的效果要依托处理软件的力量。正是由于Photoshop中选择的余地都非常大，需要我们认真去认识它、了解它、熟悉它，这就像我们每买到一件新的物品，都会认真地阅读说明书，了解他所有的功能，以便更好地使用它。而Photoshop虽名曰“软件”，它

图4—3　郁金香

就是一种图像处理的工具，同样需要你了解它有些什么样的命令和这些命令的特点，以及各种命令所在软件中的位置，每当你使用的时候就知道在哪里可以找到要使用的工具，这样才能够使影像的再创造朝着你所设想的方向发展。

了解了Photoshop有哪些命令，还要会熟练地掌握Photoshop这个工具的使用方法。在影像的数字化创意处理中，要学会充分利用Photoshop软件所提供的图层、通道、模板等功能，结合图像处理操作的命令等来为数码影像创意处理服务，这些Photoshop操作技术往往会使影像的再创造事半功倍，甚至会直接影响到影像创意处理的成败。因此，熟练地

掌握Photoshop技术与使用方法是数码影像创意表现的基础。

熟练地掌握Photoshop技术与使用方法，数码影像创意表现就犹如插上了翅膀，为创意处理提供更多的手段和空间。技术是艺术理想实现的保证，没有技术的支撑再美好的理想也是瘫痪的，正是技术的支持才能够任你大胆地在屏幕上进行各种调色与色彩的处理，黑白与彩色的转换和影像的重新整合等创意操作。所以，只有熟练地掌握Photoshop等软件工具，才能够充分调动软件所具有的强大处理功能来为实现创意处理理想而服务，充分发挥丰富的技术作用来提高数码影像的后期制作的质量与水平。

下面就通过一些创作实例来进行介绍创意处理的思路与方法。由于影像的创意处理具体技术运用选择空间比较大，所以，在此对这些范例所采用的处理方法只作简单介绍。

图4—4 红与黑

实例1，图4—4《红与黑》，该习作将拍摄的红鲤鱼处理成红、黑两色，画面影像处理成具有版画效果的作品，画面简洁有趣，给人以一种新的视觉感受。该习作采用了Photoshop中多种技术，使用了路径、工具箱中的"魔棒工具"、"亮度对比度"、"羽化"、"色调分离"等手段，把原本纯粹的摄影影像变成类似绘画的影像，使习作产生了质的变化。通过各种技术的综合运用，实现了影像的"再创造"，成功地获得了全新的视觉影像。

图4—5 船的故事

实例2，图4—5《船的故事》，该习作拍摄的是一条停泊在海滩上的渔船。作者采用素描的画面效果，去掉颜色使物体的造型变成深浅不同的线，这样反而把观众的视线凝结在这些不同的线上，让这些深浅不同的线似乎传出了许多不一样的故事，带来许多的遐想——沙滩、海浪、老船长。影像的“再创造”使形式与内容达到了有机的结合，很好地表现了主题。该习作也是采用了多种Photoshop处理命令，“去色”、“反相”以及“滤镜”下的“素描”等处理方法，成功地完成了这幅作品的创作。

图4—6　运动

实例3，图4—6《运动》该习作拍摄了古老的小巷和走在小巷中的老妇人。作品采用似老照片的单色，使画面内容与色彩形成一个和谐的整体。在影像的处理中又使用了变焦拍摄的动态的影像效果，与古老平静小巷形成动静对比，这样的处理更加耐人寻味。该习作采用了“去色”、“球面化”、“素描”等命令，创作出该习作。

实例4，图4—7《互动》这幅习作将拍摄的一张静态的室内照片，通过图像软件的处理变为动态的影像，在流动线条之中加上了相似太阳的光晕，彼此之间确实产生了一种互动的感觉，整个影像变得生动有趣。该习作采用了“挤压”、“旋转扭曲”、“球面化”、“光照效果”、“镜头光晕”等命令，成功地达到影像的“再创造”的目的。

图4—7　互动

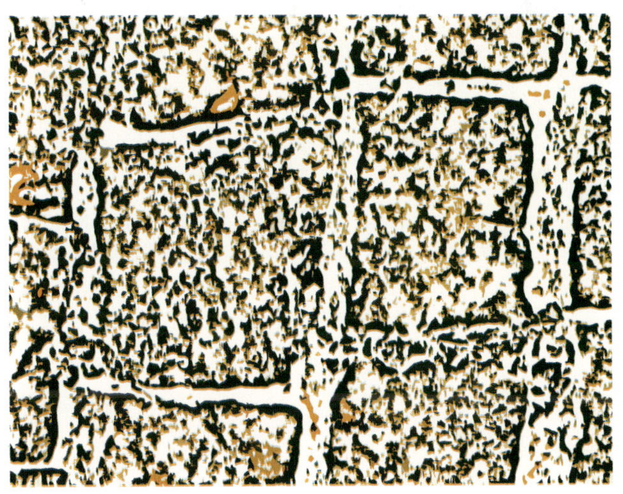

图 4—8　平稳的 —3 号

实例 5，图 4—8《平稳的 —3 号》该习作运用 Photoshop 图像处理软件，将一张黑白的照片处理成彩色的影像。将原先一张极为普通的拍摄石头的照片变成一张有趣的色彩影像作品，画面色彩和谐自然，没有来自黑白照片的生硬感，技术运用娴熟。该习作运用了"滤镜"下的"渲染"、"分层云照"、"素描"、"水彩画纸"、"影印"等命令。

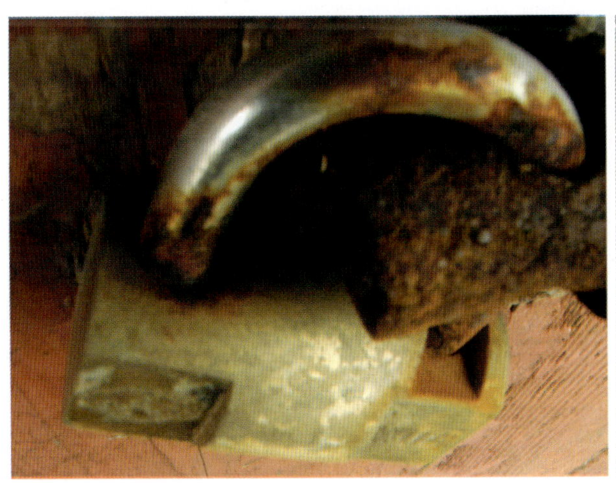

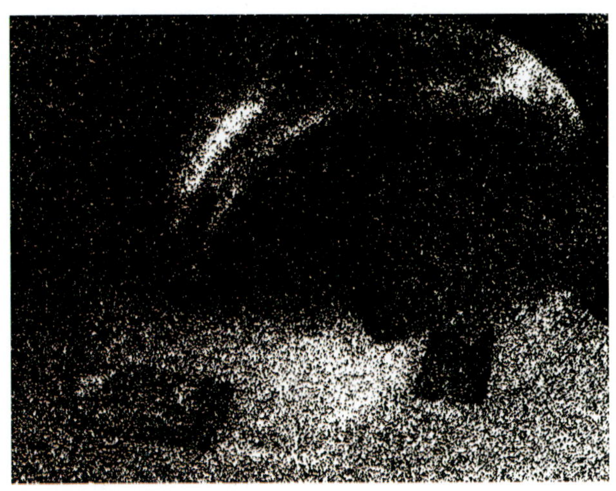

图 4—9　厚重

实例 6，图 4—9《厚重》该习作同样是运用 Photoshop 图像处理软件，将一张彩色照片处理成黑白的影像。通过原图可以看出这张照片由于聚焦不准，是一张报废的照片，可是作者运用数码影像的处理技术将一张废照片，经过影像的"再创造"成为一张很有特色的作品。该习作正是巧妙地运用"去色"以及"滤镜"中的相关技术，正如大家平常所说：变废为宝，又成为一幅成功的影像作品。

第二节　充分应用艺术的原理

数码影像创意处理在表现形式层面上提出了更高的要求：有了最初的影像画面就可以进行画面创意处理的安排。"创意"贵"创"，可是，这种创意处理不是随心所欲的胡来，必须是一种合目的性的、有思想的、符合艺术原理的行为。

数码影像创意处理应该是摄影艺术表现的升华，既然是艺术表现的升华就必须符合艺术表现的规律和原理。那么，以往摄影的知识积累、绘画的基础知识、构图的基本原理、艺术的创作法则乃至美学的探索思考等等，这些知识都是指导创意处理的准绳。有了规矩才可以成方圆，创不惧新，新则惧无原则。只有依据艺术的原理"创意"才可能放收自如、游刃有余，使"创意"的行为不至于成为脱缰的野马。因此，数码影像的创意处理充分调动并按照以往所学习的艺术原理知识积累，才可能导致"创意处理"的最后成功。

数码影像创意处理善于从相关艺术门类中吸取营养与精华，绘画、雕塑、建筑、电影、电视、音乐、书法以及文学等，它们的艺术理念与表现手法，能直接或间接地为影像创意提供灵感和启示。特别是要认真研究与影像创意关系最为密切的绘画艺术表现形式和它的传统，古今中外对于影像创意而言无不可接纳。摄影与绘画一直有不解之缘，我们知道摄影早期的作品一直受西洋古典绘画形式影响，它对于摄影创意处理的影响，不存在理解方面的问题，主要是在创意处理中如何借鉴现代美术的表现形式，比如："立体主义"、"抽象主义"等等，以及一些画家的个人风格，如：夏加尔、达利、波洛克等，他们的作品会在数码影像的创意处理中给与许多有益的启迪。在这里要特别提到对中国的绘画表现形式的研究。我国的绘画在世界艺术之林独树一帜，拥有丰富的表现形式，能给影像的创意处理以丰富的营养。中国第一位世界级摄影大师台湾的郎静山，它的摄影作品就是以其独特的中国山水画式的表现形式为世界所瞩目，并因此享誉影坛。作为现代艺术青年更应该学习继承民族优秀的文化传统，还要将其发扬光大，这也是作为现代中国人的责任。

因此，数码影像的创意处理应该在充分借鉴其他艺术形式的同时，更要注重掌握它们艺术的原理，只有充分地运用艺术创作原理才会使你的摄影后期的影像创意处理开放而不失规矩，激荡而不失法度，才会在你充满新意的作品中体现出学识、内涵及艺术的价值。

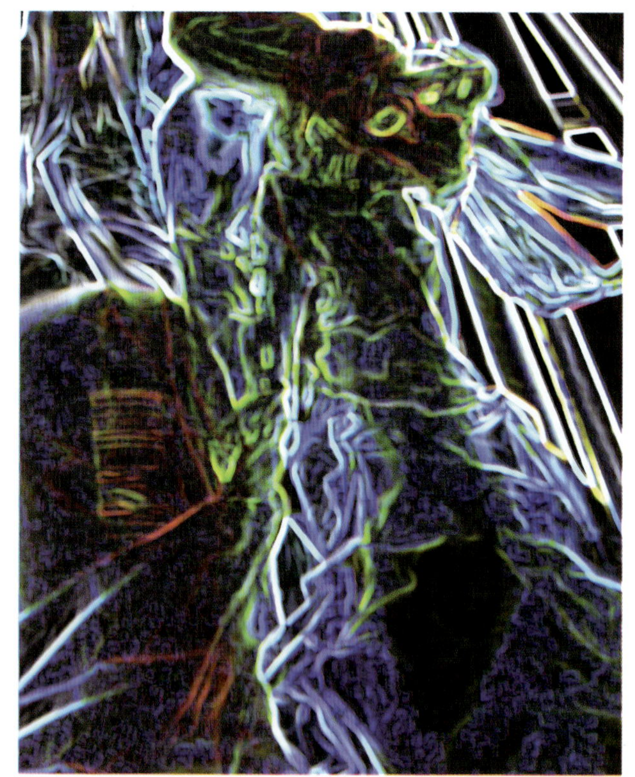

图4-10　动

实例1，图4-10《动》这幅习作，在数码影像的创意处理中，对影像作了较大的变化处理，将原来的光影影像处理为线性影像，获得了理想的画面艺术效果。该习作的成功除了画面处理使影像产生本质的变化以外，获得理想的艺术效果的另一个重要的原因是对画面构图进行了重新组织，与原图比较可以发现作者将画面缩小一点，将上半部分的窗户切除，正是把画面缩小以后，去除了与画面整体结构不协调的部分，使画面的结构更加简洁明确，形成了一种上聚下散的画面效果。该作品就是作者运用了自己对构图的把握能力使画面的条理变得更加清晰，画面艺术效果自然也就生动起来。

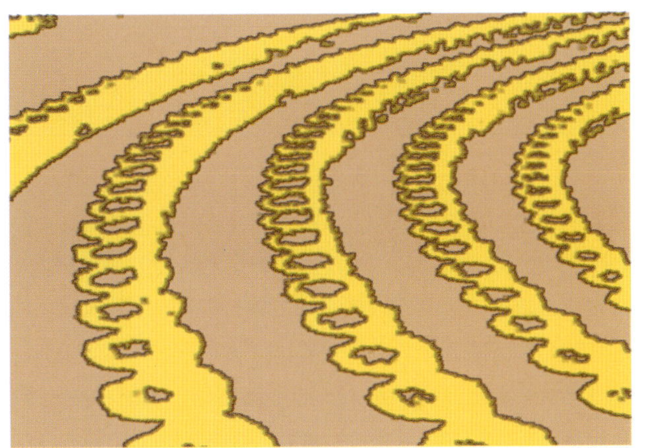

图 4–11 弯曲的线

实例 2，图 4–11《弯曲的线》这幅习作同样是强调构图的作品，同时也是画面影像处理成功的范例，作者围绕着"弯曲的线"的主题成功地营造了简单而明了的弯曲的线画面。摄影的效果获得，在构图方面：通过裁切使原来就比较简洁的影像画面，现在经过处理画面变得更加简练。在影像处理方面：作者将画面上使原本立体的影像处理成为平面的影像。通过这样的处理，去除了画面中所有的干扰因素，使观众一目了然——《弯曲的线》。

图 4–12 裂变

实例 3，图 4–12《裂变》这幅习作同样是巧妙利用构图方式处理影像的作品。原照片是一幅极为普通的资料照片，根本无法将它与摄影作品联系起来。可是作者运用了绘画方面的基础知识，将画面中的影像进行了拆解，形成了新的画面结构，将原本普通的照片变成了艺术作品。该习作通过艺术的加工，影像的再创造使影像获得了升华，成功地得到了一张理想的作品。

图 4–13 蓝与红

实例 4，图 4–13《蓝与红》创作运用了平面构成中"变异"的方法，获得了全新的影像作品。该习作以蓝色为基调，巧妙地利用左下角花坛里的红色，形成了画面中大与小、蓝与红的对比。作者彻底摆脱影像的固有形态，运用照片中的影像为素材，以构成的原理为创作方法，勇敢地重新组织画面，从而获得崭新的视觉艺术形象。这样的影像处理方法使摄影创作获得延伸，对各方面艺术素质训练与提高都非常有利。

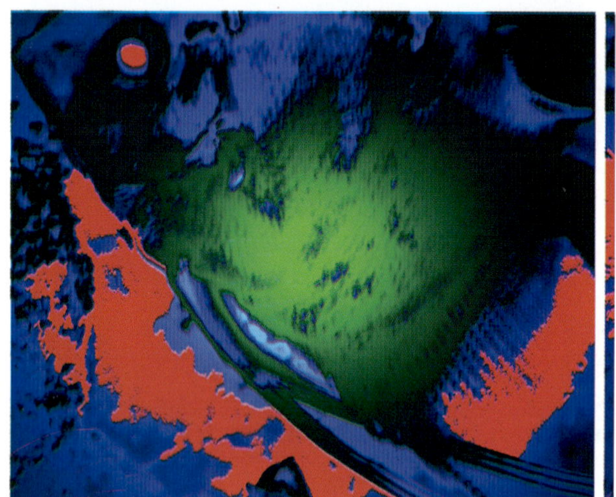

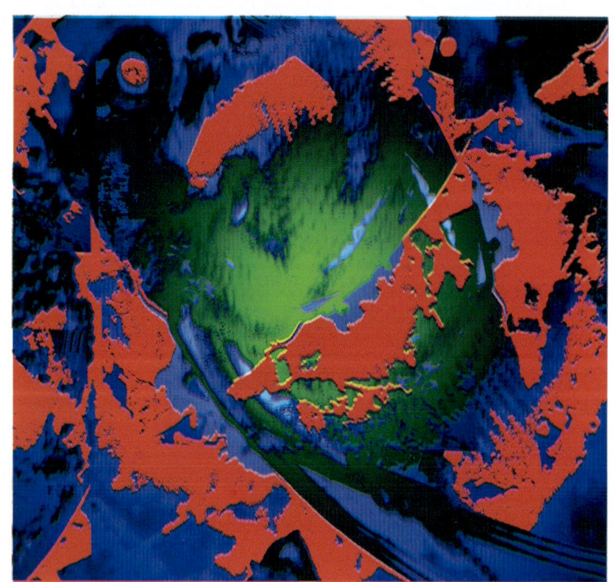

图4－14　旋转

实例5，图4－14《旋转》这幅习作在影像的后期数字化处理中强化了色彩的表现。该习作以处理操作方式命题，似乎与表现主题无关，其实不然。在影像的处理中，作者首先将五彩斑斓的照片处理成红、绿、蓝三原色的色彩画面，作者用浓烈的三原色来突出色彩对比，起到了简单醒目的效果。可是画面红色基本沉于画面下半部分，有失均衡。此时，作者选定红色，巧妙地运用Photoshop“旋转”命令，将红色旋转分布于四周，即达到了画面色彩的均衡又强化了色彩的对比，整个影像处理非常成功。

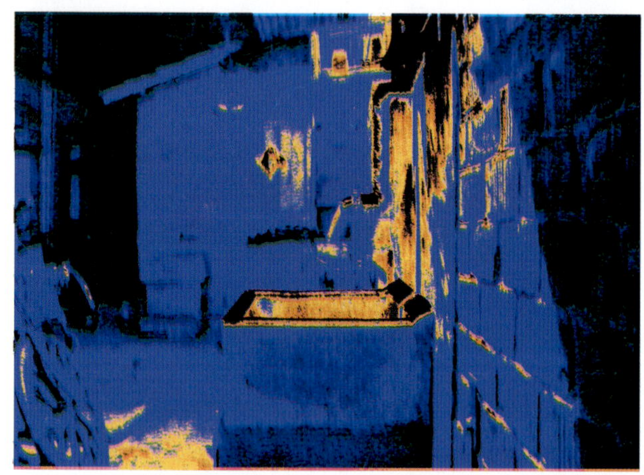

图4－15　光和影的颜色

实例6，图4－15《光和影的颜色》这张习作也是件非常有趣的作品，仔细分析可以发现由于曝光时间较长，相机有些抖动，影像是模糊的。可是，经过影像后期的数码技术处理，作者强化了自己对于光和影的色彩感受，形成了以橙光、蓝影的对比色关系为主的画面，淡化了影像的细节，从而使这张摄影习作起死回生，而且获得良好的画面效果。

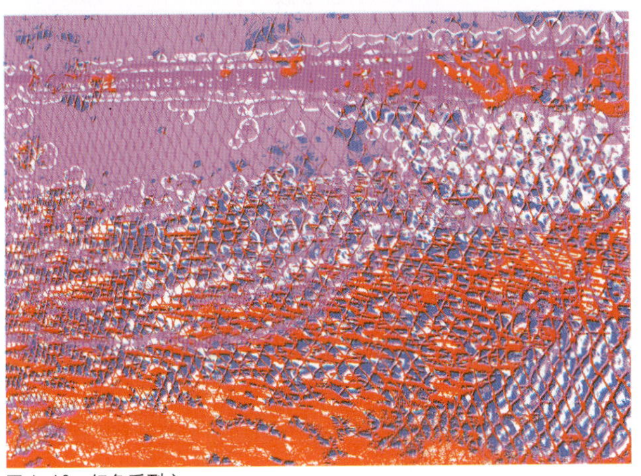

图4-16 红色系列之一

实例7，图4-16《红色系列之一》这幅习作是作者红色系列作品中的一张。作者将多张黑白照片通过Photoshop处理成"红色系列"，非常有意义，在这个系列中作者以不同的红色组合而形成系列，以色相与色调为基础统领整个系列，该习作是其中之一。这件作品中作者以饱和的粉红、玫瑰红、朱红形成红色组合，以少许蓝灰和白色与之形成对比，作者有效地把握住色调同时又巧妙地运用色彩的对比，使整个画面既统一和谐又富于变化，取得了非常好的视觉艺术效果。

图4-17 天使的愿望

实例8，图4-17《天使的愿望》这幅习作在创作中就大胆地借鉴运用了其他艺术形式的表现手法，通过影像的重叠组合形成一个完整的、盼望世界和平的主题内容。从作者的创作态度来看，已经彻底摆脱了原有影像处理的制约，变成一个完全的艺术创作作品。在构图中的处理手法和画面表现形式中不难发现现代艺术对于作者的影响，虽然作品里对现代艺术表现形式的运用还透着稚嫩。可是，作者敢于探索、勇于尝试，所表现出的精神与作品中的新面貌就非常可贵。

第三节 充分调动创意的潜能

数码影像创意处理在艺术思维层面上提出了更高的要求：摄影创意处理需要体现出一定的思想性，各门课程中都会说到这一点，这是具有毋庸置疑共识的事情，在此不再多说，这里的"思想性"主要强调的是摄影"创意"认识上的问题。以往大家在摄影的后期制作中总是局限于影像表现的圈子里，满脑子想到的就是固有"影像"的存在，这样，创意的手脚无形中被束缚起来，不敢越"影像"的雷池半步。今天的摄影影像创意完全应该从大的艺术角度来理解，要把摄影的影像创意处理看成是摄影艺术的延伸，是艺术学习的延伸。数字技术的运用，把过去摄影影像处理中连想都不敢想的事情变成了现实，能够制作出众多不可思议的影像画面，那么为什么不能摆脱以往的传统"影像"观念的束缚，使数码影像的创意处理拓展成为一个广阔的天地。如今国际影坛这样的范例已经举不胜举，图4-18（《奥地利》，Gunter Meindi摄，选自《世界摄影大展概览》）就是一个典型的例证，作品的背景处理显然受到现代设计的影响，这样奇特的画面效果也是传统影像处理中所不可能见到的。正是数码技术的出现促进了人们观念的转变，观念的转变促进了摄影艺术表现的发展。

有了这样新的意识，摄影影像的"创意"处理就更有意义了。因为认识变了、标准变了，思维和创作的空间也就宽了，"美"作为影像"创意"的一个重要的标准，它可以是美的影像，也可以是美的影调或层次，还可以是美的肌理，更可以就是某种美的视觉元素或符号。画面中只要能够表现出主观的意识、感受、理想，任何形式、任何语言都是"创意"表现追求的目标。

前面我们提到"美"这个美学命题，也引出了在数码影像创意处理中要求尽可能体现出对于美学问题的思考这个问题。现代青年一直强调创作中的自我思考、自我抉择和自我表白，这种注重个性化的表露不应该是肤浅苍白的，从中应该能够看到个人对于艺术问题的思索和追求，只有这样才能让"创意"出的作品有内涵、有生命力。作品里面有了作者对表现事物全面、深刻的认识，才能震撼观众的心灵。因此，现代艺术青年要养成善于思考的习惯，对待创作问题要把它往深里想、往广里拓，正是围绕着它展开思考才可以避免创作思想成为幻想或空想，体现出自我意识的完整性。

所以，数码影像后期的创意处理要跳出常规的思维领域，充分调动创意的潜能，体现出一定的文化理念和人生态度，才能获得数码影像创作的真谛。数码影像创意作品固然具有制作上的复杂程度和艺术表现上的难度，可关键还是在于画面本身能否反映你的创作思想。进行数码影像后期的创意处理可以突破传统影像认识的局限，让大家自由地驰骋在图像艺术的广阔天地里，开发艺术创造的潜能，这样更有利于艺术学习，更有利于培养富有创新精神的新一代艺术人。

图 4—18　奥地利

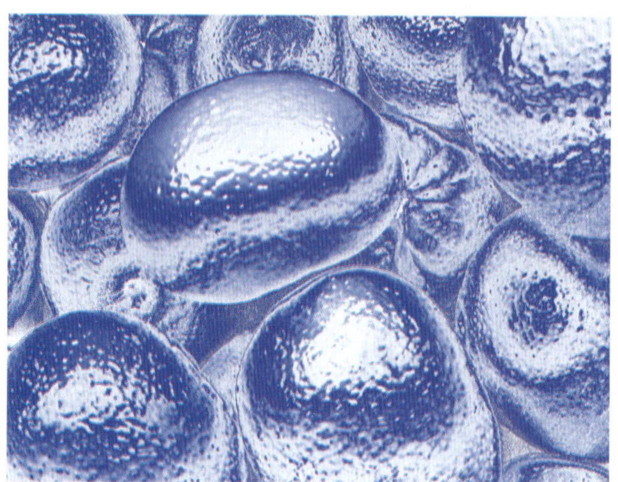

图 4—19　晶莹

实例 1，图 4—19《晶莹》这张习作是学生开始进行数码影像处理初期练习的一张作业，是一个非常好的信号，它代表着学生对影像认识观念的转变。虽然处理手法上显得比较简单，可是敢于将橘子表现成水银一般晶莹透彻的效果，这就非常可贵。

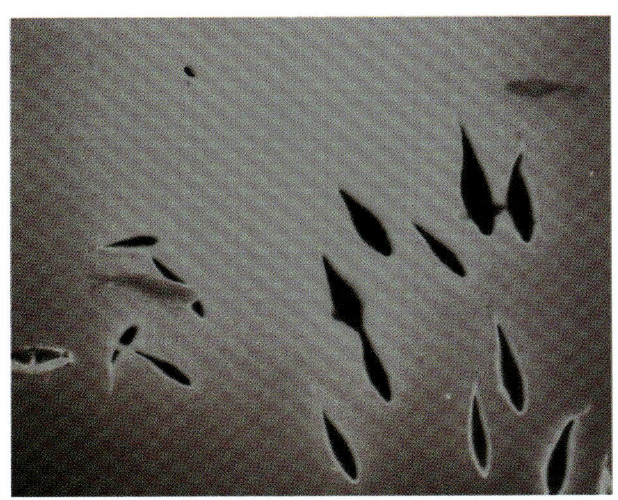

图 4–20 聚

实例 2，图 4–20《聚》这幅习作处理得也非常有趣，该习作把原本彩色的影像处理成似黑白水印木刻的单色效果。以往同学们总是习惯于色彩的影像表现，因为他们从接触摄影一直就是和彩色片打交道，现在，在影像的数码后期处理中，作者摆脱了固有影像、固有颜色的束缚，一切从创意效果的需要出发，正是这种表现意识的作用，创作出这样生动的艺术作品。

图 4–21 曲直

实例 3，图 4–21《曲直》这幅习作将一张普通的水车资料照片处理成由曲线和直线组成的画面。作者从这张普通的照片中发现了这些视觉元素，大胆地强化这些元素并以此为表现对象，获得了理想的效果与画面。

图 4–22　黑白的交织

实例 4，图 4–22《黑白的交织》这件作品将原本都是直的线条处理成黑白交织的曲线。作者将几根米字形这样简单的直线变成了流动的曲线，增强画面的动感，打破了原来的形式结构，创作出新的视觉艺术影像。

图 4–23　白色的点、线、面

实例 5，图 4–23《白色的点、线、面》这件习作处理得非常好。作者在意识中已将影像的后期处理与大的艺术表现概念相融合，将原来彩色影像制作成点、线、面这样简单的造型元素，打破了以往影像处理唯具体写实形象的制约，把表现重点放在形象的构成上面。作者能够透过表象发现并制作出形态构成的作品，既获得影像的处理方面的锻炼又得到形态构成方面的锻炼。

图 4–24　流动

实例 6，图 4–24《流动》从题目可以看出作者在影像处理中是经过深思熟虑创作而成，作者将常年在海上流动捕鱼的渔船处理成流动的线条，将表现的形式与表现的内容取得了内在的联系。这样的处理反映出作者比较全面的艺术素养，把内容与表现形式紧密结合起来，并且能够从大的艺术角度来理解影像的处理，创作出有一定表现深度的作品。

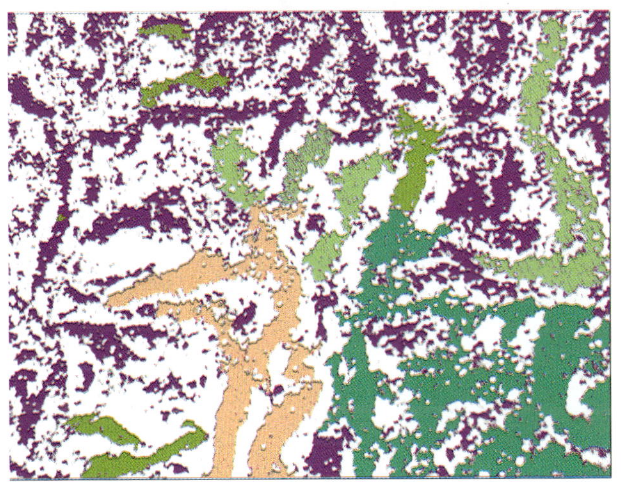

图4—25 欢快的线

实例7，图4—25《欢快的线》是一幅生动的色彩构成作品。原作拍摄的好像是泥滩或是沙滩上的某种痕迹，影像成像的质量比较差。可是通过后期的数码制作处理，成为生动的色彩组合作品，明快的色彩、舒展的线条将作者所要表达的情绪充分地展示出来，表现出作者在处理前对影像的特点进行过认真的斟酌，借助影像的特征与处理成功地表达出一种情绪。

图4—26 烂漫

实例8，图4—26《烂漫》这幅习作也是一件比较成功的影像处理习作。作者把烂漫开放的花朵处理成烂漫的色彩组合，将原来具象的影像传达转变成抽象的色彩视觉传达。这样的变化对于学习艺术的青年来说意义与作用都是巨大的，这样的感受与表达能力必然会在将来他们艺术发展的道路上起到重要的作用，会直接影响他们的学科发展。

通过以上作品范例的分析，基本可以体现出本章节的意义和作用，以及对同学们学习影像的数码创意处理的要求，虽然这些范例并不是很完美，但他们的习作中，或透出处理的娴熟、或透出表现的趣味、或透出思维的机敏等等，都会给大家以有益的启发。希望同学们能够通过本章节的学习，通过摄影影像的后期处理与制作的训练全面提升艺术的素养，提高艺术的表现能力，成为具有较高综合素质的现代艺术青年。

主要参考书目：

《Photoshop CS 数码照片专业处理技法》（美）凯尔贝著 袁鹏飞 译 人民邮电出版社 2004.10

《数码照片修饰技巧》（韩）李杰克著 挚真译 人民邮电出版社 2004.4

《Photoshop 数码影像圣堂》朱芙蓉 夏晶晶 裴红义编著 中国青年出版社 2003.2

《Photoshop CS 数码照片处理技巧与案例》欧军利 王斌编著 人民邮电出版社 2004.10

《数码摄影教程》 颜志刚编著 复旦大学出版社 2004.4